世界从不亏欠每个努力追寻幸福的人

祁莫昕
QI MOXIN
著

中国铁道出版社
CHINA RAILWAY PUBLISHING HOUSE

图书在版编目（CIP）数据

世界从不亏欠每个努力追寻幸福的人 / 祁莫昕著. —北京：中国铁道出版社，2016.8

ISBN 978-7-113-22010-5

Ⅰ. ①世… Ⅱ. ①祁… Ⅲ. ①成功心理－通俗读物 Ⅳ. ①B848.4-49

中国版本图书馆CIP数据核字（2016）第148600号

书　　名：世界从不亏欠每个努力追寻幸福的人
作　　者：祁莫昕　著

策　　划：吕　芠　　　读者热线电话：010-63560056
责任印制：赵星辰　　　封面设计：MXK DESIGN STUDIO

出版发行：中国铁道出版社（北京市西城区右安门西街8号　邮政编码：100054）
印　　刷：三河市宏盛印务有限公司
版　　次：2016年8月第1版　　2016年8月第1次印刷
开　　本：880mm×1 230mm　1/32　印张：8.75　字数：205千
书　　号：ISBN 978-7-113-22010-5
定　　价：42.00元

前言

为什么生活越来越好，却有越来越多的人抱怨自己不幸福？

为什么人们那么强烈地渴望成功，却始终没有做出像样的成绩？

真的有心想事成的成功绝学吗？

别傻了，当然没有！

我们所期望的一切，都要靠自己去拼出来！

此刻，

开始行动吧，

你所期待的，

一切，

都将实现！

积极心理学可以说是心理学领域的一次伟大变革，它采用科学的方法和原则研究关于幸福的主题，研究人类的积极心理品质、关注人类的健康幸福与和谐发展。

既然幸福是所有人的终极追求，如何实现幸福快乐的人生也成为心理学家研究的主要课题，这也是越来越多的心理学家加入到积极心理学领域的原因。

我开始研究这一课题也是因为生活不尽如人意，事业不顺，甚至一度跌落低谷，致使每天闷闷不乐，自我怀疑。

我想让一切变得更好，至少帮我渡过难关，而积极心理学的确帮了不少忙，所以我想将我的感受，我所学到的知识、经验分享出来，以便帮助更多的人。

人生是一段追求幸福的漫漫旅途，途中我们会路过迤逦风光，也会路过激流险滩，这也是人生之所以精彩缤纷的原因。当你行至暮年，回首过往，如果对这段旅途感到满足那就足够了，这就是幸福的一生。

从生命的开始到结束，这段过程都是积极心理学所研究的内容，如何让你的生命更有价值、更有意义，也是积极心理学家们重点研究的课题。

人生中最大的满足是什么？

人生中最大的遗憾是什么？

你是否活得充实而美好？

你的生命旅程是否充满意义？

你的生命里是否有你深爱的人，同时他 / 她也深爱着你？

你是否历经挫折陷入人生谷底却不屈不挠重回巅峰？

你有没有真正思考过人生的意义？

……

我们的人生都会经历高峰和低谷，也会有满足和遗憾，艰难世界，不如意之事时有发生，积极心理学并不否认这一点，而是努力帮助人们战胜困厄，重新走上人生正轨，让生命焕发光辉。

幸福，

我们为你追寻多年。

你是那么飘忽不定，

那么难以捉摸，

可我们仍然义无反顾。

只为在某一天，

能够与你相遇。

请相信，

这世界从不曾亏欠每一个努力追寻幸福的人！

目录

世界从不亏欠每个努力追寻幸福的人，

Pursuit of happiness

第一章 心想事成——即日·此刻

如果你所期待的永远不会实现

“

是谁出的题这么得难，到处都是正确答案。

——何勇《钟鼓楼》

”

如果有人告诉你，你所期待的一切永远不会实现，你会做何感想？突然有一天，你发现自己老了，不是生理上的衰老，而是心之老矣。你不再期待惊喜，不再莫名欢喜，世界在你眼中非黑即白，而你对此早已习以为常。

偶尔也会在夜里醒来，看着天花板反复思考生命的意义；偶尔也会有想哭的冲动，却发现再也没有大哭的勇气。

你问自己：这到底是怎么了？

一遍一遍，你痛苦地找寻着答案，

却发现这道题真的太难了，

根本就没有正确答案。

为什么美梦总是难圆?

每个人都会做梦，平均每天要做六七个梦，而大部分梦境醒来后都全然不知，我们只会记住醒来时正在做的梦，然而这个梦往往都是美梦。

我们不禁感叹，美梦难圆。

一年365天，一天6个梦，每一年我们都要做2 000多个梦，其中又有多少个美梦呢？在我们的记忆里，只会记住噩梦发生时的场景，历历在目。

而美梦呢？似乎永远模糊不清。

梦境如此，现实生活亦是如此，大部分人都有过这样的困惑：为什么美梦难圆，好事难成？

一次次失败之后，生活开始变得糟糕，你开始频繁抱怨，感叹世事艰辛。接下来，倒霉的事会接踵而至。

这时，突然有人问你：“你的梦想是什么？”

你还有梦吗?

你还有梦吗？或者说，你还敢做梦吗？当一个个梦境破碎之后，还有多少人敢去谈论自己遥不可及的梦想。

其实，遥不可及的不是梦想，而是你的心。

这是一个流传于日本民间的童话故事：两个孩子在海边玩，过了一会，他们玩累了，在温暖的阳光下，两个孩子在沙滩上睡着了。其中一个小孩做了场梦，梦见在不远的岛屿上住着一位大富翁，他有一个大花园，种着整片的茶花树，其中一株种着白色茶花的树下，埋着一坛黄金。

不久，两个小孩睡醒了，这个做了场美梦的孩子自言自语道：“哎，真可惜，一场梦而已。”另外一个孩子问他怎么回事，他把刚才的美梦又讲了一遍。

说者无心，听者有意，这个孩子说："你可以把梦卖给我吗？"

"什么？傻 ×，你要买我的梦吗？可以！"

做梦的孩子很高兴地将自己的梦卖给了他的朋友。

这个被认为是傻 × 的孩子，买了梦以后就出发了，他来到岛上，果真发现这里住着一位富翁，于是应征成为富翁的佣人。

在接下来的时间里，他仔细照顾茶花树，茶花一年一开，在他的悉心照料下，茶花树越长越好，富翁对他也非常满意。一天，他在一株白色茶花的根部挖出了那坛黄金。

买梦的孩子告别了富翁，回到了家乡，他成为当地最富有的人。而那个卖梦的孩子呢？他还在不停地做梦，却始终一无所有。

梦想虽然遥不可及，但只要坚持，付出行动，说不定就能等到梦想成真的一天。就算那天永远没有到来，你也不会因为荒芜了时光而徒生悔恨。

保持期望，保持乐观，这是积极心理学最基本的内容，哈佛大学早在研究中证明了乐观主义的益处，而悲观主义则对健康有害。因此，相信梦想，保持期望，幸福终会出现。

相信梦想，幸福终会出现

人到了一定年纪，就不再相信梦想，因为它的确很难实现。我不想给有梦的年轻人泼冷水，但在追寻梦想的过程中的确存在诸多困难，并不是每个人都那么幸运，可以实现自己的追求。甚至，99% 的人最后都输了，他们的梦想最终被岁月磨灭，然而这其中坚持不放弃的人，虽然没能实现梦想，但却得到了幸福。

“幸福是一个连续的过程，不存在一个节点，达到就是‘幸福’，幸福不是非此即彼的状态”。这是在哈佛大学幸福课中提到的一句话，我想，追寻梦想也是一个过程，不是因为坚持而必定成功，而是因为坚持而终会遇见幸福。

我是一个普通人，喜欢写字，喜欢旅行，喜欢钻研心理学，住在一个安逸的小城，曾经朝九晚五的上班下班，但我发现这不是我想要的生活，于是改变开始了。

我辞掉了工作，成了一名导游，原因很简单，“世界那么大，我想去看看”。在我的城市，导游的薪水是很少的，靠的是提成、代购，这也让我的生活捉襟见肘。最初的日子非常难熬，可这就是我想要的生活方式，我坚持着，不为梦想，只为幸福。

时间会带走一切烦恼，渐渐地，生活开始好转，日子没那么难过了，而此刻的我，是那么开心，那么幸福。

行动——即日·此刻

如果你所期待的永远不会实现，你的生活会不会陷入死寂？如果你不想让这样的事情发生，那么就将全部能量聚焦于你的梦想，并从现在起付诸行动，即日，此刻，不再犹豫。

立即行动，是所有美梦实现的前提，下面是实现梦想的具体步骤。

写下所有期待发生的事

将你期待的事情全部写下来，最好做一个精致的梦想板挂在房间内显眼的地方，每天都能看见。不要将你的梦想写在纸条上，随处贴在电脑桌上，难道你的梦想这样不值得珍惜吗？随手丢弃掉梦想的人，也会被梦想抛弃。

之后，将你的梦想、愿望、目标、完成期限以及所愿付出的代价等全部写在梦想板上，每天、每周、每月、每季、每年……你都要反复审视自己的梦想，划掉那些已经实现的，写上最新的梦想。每一次梦想成真后，都给自己送上鼓励；每一次失落想要放弃时，也要学会激励自己。长此以往，你所期待的事就会发生。

三个经典问题

下面是很多大学教授、培训老师都会提到的三个问题，有些人对此不屑一顾，但这三个问题真的很重要。

Q1：我是谁?

在弄清你自己是谁之前，一切梦想都只能停留在梦想板上。所以，在行动之前，一定要了解清楚自己，包括个人兴趣爱好，优势劣势，性格、心理、情绪等。记住，除了自己，没有人会更了解你，如果你都无法肯定地回答“我是谁”这个问题，还是尽早忘掉你的梦想吧！

Q2：我想做什么？能做什么？

我想做什么？每个人在不同阶段都会有不同的职业期望，小时候想当画家，长大了想当老板，现在我只想做一名开心的导游……长大了，成熟了，也经历过很多坎坷，现在我已经不再关心自己想做什么了，而是能做什么。

所以，每个人都要清楚自己能做什么，再结合自己的职业理想，找到最适合自己的工作。

Q3：走哪条路能够以最快的速度到达终点？怎么走？

这是一个讲究效率的时代，人们都在以最快的速度向成功奔去，谁也不想落后。那么，选择哪条线路是一个问题，怎么走又是一个问题。选对了线路，便踏上了捷径，也就是人们常说的职业选择。以金融业为例，该行业的平均薪资位于众行业之首，如果你选的是服务行业，恐怕很难追赶上前面的那群金融精英了。

为了早日达到终点，你会怎么走？步行、骑车、开车、坐火车、乘飞机……在这几种常见的交通方式中，显然乘飞机是最快的。怎么走才能以最快的速度到达目的地，相当于怎么做才能尽早成功，每个人成功的方法不同，但那些最早成功的人，一定有比其他人更快捷的成功之道。

梦想倒计时

不要以为把梦想写在题板上，挂在墙上就好了，如果不为梦想设定期限，它可能永远都是梦想。为了监督自己，你要给每一个梦想设定日期，制作一张梦想时刻表，采用倒计时的方式，鞭策自己更加努力。

以终为始，想象美梦成真后的情景

每一天，在脑海中反复描绘梦想成真后的喜悦情景，身临其境，想象自己已经获得成功，并按照成功后的模式生活工作。久而久之，你的潜意识就会出现一个成功的自己，那是未来成功后的自己，而你只是将其搬到了今天。这种方法可以增强自信，加快成功的脚步。

给每一个梦想配一个具体计划

没有计划的梦想都是空想，所以，你的每一个梦想都必须辅以具体的行动计划，包括前期准备，完成日期，实施步骤，后续计划，补救措施等。

行动——即日·此刻

没有行动，之前的一切步骤都是空谈，付诸行动是任何梦想实现的前提条件。所以，不管你之前的计划是否足够完善，开始行动吧，即日·此刻，梦想成真的概率将会大大提升。

定期检查成果

每隔一段时间，检验梦想的完成情况，如果落后于计划，则要适当调整，努力追赶，这也是一种自我鞭策的方式。例如，每个周末对自己的工作情况进行总结，是否完成了既定目标，有什么地方做得不够好，有什么地方值得肯定……及时反省，总结经验，可以少走很多弯路。

每个人心中都曾划过一道紫色闪电

每个人都曾有过梦想，童年时的梦，少年时的梦，青年时的梦……人生的每个阶段，都会有不同的梦想。然而，我发现身边的人在进入 30 岁以后，所有的梦想都成了过去时，当再跟他们谈及梦想的时候，换来的只是一句嘲笑。

原来，他们的梦想一直都是个笑话。

梦想被埋葬的那天，一切都结束了

“我不想改变什么，我最渴望的就是过下一辈子，那里有我没写出的诗，没画出的画。”

这是一句不知道从哪里听来的台词，用在这里再合适不过了。我只想告诉那些准备将梦想留给下辈子的人，你们是彻头彻尾的懦夫，我看不起你们。

对于普通人来说，现实总显得有些无奈，但这不该成为埋葬梦想的借口。

一个没有梦想的人，就像一条没有灵魂的狗，摇着尾巴过完一生。

有些人混着混着就老了，发现死期不远了，突然想起儿时的梦想，一切感觉那么美好，他们后悔了，如果能重活一次，一定把梦想这条路走完。

我相信，再给他们一次机会，什么都不会改变。

有些人活着，却如同行尸走肉般艰难度日，他们的灵魂与梦想早就不知道被埋在哪里。漫无目的地来到生命终结的时刻，在合眼之前，曾经的梦想逐一浮现，他们会不会死不瞑目?

“好吧，希望下辈子有机会实现这些梦想，写没写出的诗，画没画完的画……”

好吧，一切都太晚了，没有梦想的人，也难以得到祝福。

赵小玩的故事

80后的赵小玩生在北京，住在现在的什刹海酒吧街拐角，典型的胡同串子，由于从小混迹于此，他也见证了很多酒吧的兴衰，当然，成天浸泡在音乐中的他自然而然地爱上了音乐。

每天，他都腻在酒吧门口，听那些来自五湖四海的歌手唱歌。长大了点后，由于都是街坊，他还能进入酒吧偷偷喝两口啤酒，他回忆说：“那时候的日子就像神仙。”

像大部分胡同串子一样，赵小玩从来不缺玩伴，由于儿时长在酒吧街的缘故，他的一群死党也是音乐迷，他们儿时的梦想就是组建一支自己的乐队，为了给乐队起名字，他们不知道打了多少回架。

时光飞逝，转眼到了初一，赵小玩也终于拿到了第一把属于自己的吉他。还记得那天下着大雨，赵小玩拿着家里给的钱，叫上几个死党来到琉璃厂，这一次他再也不用隔着橱窗呆呆地看了。

那一夜他们谁也没睡，躲在一个废旧的工厂，喝着啤酒，谈着吉他，放声高歌，看着夜空划过的紫色闪电，他们大声说出了自己的梦想。哭了，所有人都哭了，他们紧紧抱在一起，第一次统一了乐队的名字“紫色闪电”。

几个小家伙似乎很有天赋，聪明才智都用在了音乐方面，学习成绩却糟得可以。虽然没少挨批，但他们并不在乎，音乐梦想伴随着他们度过一个又一个美好的日子。

乐队越来越成熟，技艺越来越精湛，赵小玩成了乐队的骨干，吉他手兼主唱，在学校他们成了“全民偶像”，赵小玩也无数次体验到当明星的感觉。

渐渐地，赵小玩和他的死党们都长大了，发生在大四时的一件事改变了赵小玩的命运。大四下半学期，当莘莘学子忙着找工作的时候，赵小玩和他的乐队还在玩音乐，他们依然活在理想之中。可是，赵小玩的父母却不干了，认为孩子这么混下去没有前途，遂决定托关系给孩子找个好工作。

最初，赵小玩的叛逆精神让他坚持着似乎毫无希望的梦想，然而随着身边的同学一个个找到理想工作，特别是几位核心成员的妥协，他们都陆续投入到朝九晚五的职场。这时，赵小玩也迷失了。

老爸打来了电话，正在练琴的赵小玩接起电话：

“喂，爸，干嘛，我正练琴呢。”

“练什么琴！我给你安排了一份工作，去某国企跑销售，锻炼一下，明天报道。你听着，我不是在征询你的意见！”

在赵小玩的印象中，这是爸爸第一次这么严厉地跟自己说话。

那一天，赵小玩提前回了家，父母给他讲了很久，他也思考了很久。

赵小玩很清楚，这是一份十分难得的工作，只有爸爸这么硬的关系才能办妥，甚至不用面试，直接报道上班。可是……

梦想，在现实面前脆弱得不堪一击。第二天，赵小玩一身职业装，开始了另一种生活。从此，他所信仰的朋克精神与他的梦想一起被丢进了坟墓。

赵小玩一家在郊区买了别墅，他们搬出了什刹海，儿时的玩伴也陆续离开了这里，一年，两年，五年……大家各忙各的，已经很久没见了。

离开什刹海的第十个年头，赵小玩收到了一封邀请函，是昔日死党黑子发来的电邮。打开邮件，赵小玩呆住了，原来黑子现在是某地下乐队的鼓手，周末在什刹海某酒吧演出，特意向以前的死党们发出邀请，借机聚一聚。

赵小玩看着邮件，愣了半天，往事一幕幕出现在眼前，突然想起黑子可是乐队最差的一个啊，他怎么就……

十年了，大家都发生了很大变化，赵小玩成为单位的销售经理，年薪令人羡慕，很是风光。这天，他特意穿着正装，开着宝马 X5 前来聚会。

一进门，赵小玩便得到了一番恭维，当然也少不了调侃。安静下来之后，他发现自己的穿着打扮格格不入，昔日的死党们要么休闲打扮，要么一身朋克装备，只有他看起来像个生意人。

演出开始了，黑子登场，兄弟们一阵欢呼。黑子在感谢完现场的观众，介绍完昔日的死党之后，敲起了节奏强烈的鼓点。一曲结束，黑子抢过了主唱的麦克风，炫目的灯光，狂野的旋律，只见他脱掉上衣，露出了昔日的闪电文身，畅饮了一大杯啤酒，发泄似地大喊了一声。接着，黑子安静下来，说道：“下一首歌送给我的兄弟们，虽然你们背弃了誓言，但我不怪你们。《紫色闪电》，送给兄弟！”

当现场人群陷入疯狂的时候，躲在角落里的赵小玩，泪如雨下。

有多少人曾劝你放弃梦想

现实生活中，有多少人像赵小玩一样放弃了梦想，输给了现实。他们将自己的轻易放弃归罪于别人“父母、家人、朋友……他们都劝我放弃，都说我太傻了，这个岁数还做梦。我也不知道该怎么办，渐渐地就放弃了。”其实，偷走你梦想的不是别人，而是自己。

在我们的人生旅途中，曾有多少人劝你放弃梦想？太多了。仔细看看，这些人又有几个拥有梦想？又有几个实现过梦想？

没成功的人，没资格劝人放弃；没有梦想的人，没资格指点别人。即最亲密的人也不一定真正了解我们，只有自己清楚在追寻什么，内心到底想要什么。

最关心你的人，往往是最容易偷走梦想的人；最想放弃的时刻，也是距离梦想最近的时刻。这就是梦想定律，如果你还想让生活精彩纷呈，如果你还想让生存富有意义，就记住这条定律，不要像大多数人一样，丢失梦想，荒芜了人生。

“

紧紧抓住梦想，因为梦想若是死亡，生命就像折断翅膀的鸟儿，再也不能飞翔。

紧紧抓住梦想，因为梦想一旦消亡，生活就像荒芜的田野，雪覆冰封，万物不再生长。

——兰斯顿·休斯《梦想》

”

难道真的像他们说的那样，一切都来不及了吗？

你是否听到过这样的劝告“放弃吧，肯定来不及了”、“都这岁数了，别想了”、“你现在转行已经晚了”……这些来自亲朋好友的关心都是出于好意，但是难道真的像他们说的那样，一切都来不及了吗？

趁一切还来得及，把自己重新放回人生的入口

德国著名作家里克特（1763 - 1825）被读者赞誉为“穷人的歌者”，他曾写过一篇非常有名的散文《两条路》，在里面讲述了一个奇妙精彩的故事，大意如下：

那是一个新年之夜，一位花甲老人站在窗边，悲伤地看着那深蓝色的天幕。夜空仿佛一片清澈静谧的湖水，繁星点点如一朵朵纯洁的百合飘散在湖面上。老人又低下头扫视着茫茫大地，少数比他更为绝望的生灵此刻正走向它们的终点——坟墓。在通往坟墓的人生之路上，老人已经度过了六十载春秋，而这段漫长的旅途除了失望与懊悔，别无他物。他老态龙钟，头脑空虚，心绪忧郁，一把年纪却没有得到一丝慰藉。

突然，年轻时的一幕幕梦幻般地浮现在眼前。他回想起那个庄严的时刻，

父亲将他置于两条路的入口——一条路通向阳光灿烂的升平世界，那里有肥沃的土地，丰硕的庄稼，柔和悦耳的歌声；一条路则将行人引进黑暗的深渊，那里流淌的不是清水，而是毒浆，一条条巨蛇嘶吐着舌箭。

往事不堪回首，老人极度痛苦，仰天长叹："青春啊，回来吧！哦，仁慈的父亲，请把我重新置于人生的入口，我一定会选择一条正确的道路！"可是，他的父亲和他的青春都已经一去不回了。

他看见阴暗的沼泽地上空闪烁着光点，蓦然间隐去了。啊！这些光点不正是他虚度的年华吗？他看见夜空中一颗流星陨落，这颗流星不正像他自己的人生吗？徒然的懊悔犹如一支支利箭，深深地刺穿了他的心。此刻，他想起早年和自己一同踏上人生征途的伙伴，他们都选择了那条善良、勤劳、勇敢的道路，在此新年之夜，他们正在享受他们的荣誉与幸福。

教堂钟楼上的大钟敲响了，洪亮而悠扬的钟声让老人回想起了儿时父母的疼爱，想起了父母的教诲，想起了父母为他的幸福所做的祈祷。强烈的羞愧和悲伤使他不敢再多看一眼父亲居留的天堂。黯然神伤的老人泪如雨下，他绝望地大声呼唤："回来吧，我的青春！回来呀！"

老人的青春真的回来了，因为刚才的一切都只是一场噩梦而已。尽管他的确犯过一些错误，但此刻他还年轻。他虔诚地感谢上帝，时光仍然是属于他自己的，他还没有坠入那黑暗的深渊，他仍可自由选择那条通往平和、光明、丰收、幸福的道路。

如果你还年轻，如果你还有时间，绝不让自己重复故事中老人的噩梦，抓住一切机会，将自己重新放回人生的入口。

如果有机会重新选择人生，或者回到生命中的某一时段，你会不会心动呢？你也可以就此对身边的人展开一项调查，看看他们会给出怎样的回答。我想，一定有不少人毫不犹豫地重新选择自己的人生。

很多人都在不经意间荒废着自己的生命，只有到暮年回首往事时才会感到懊悔不已。一生碌碌无为，没取得任何成绩，也没有任何值得骄傲的过往，甚至就连跟子孙炫耀的谈资都没有。那一刻的凄楚，想想都让人心酸。

行动吧，趁一切还来得及

懒惰是导致你至今一事无成的根本原因，每个人的能力有大小，然而全世界 99% 的人都是贪图安逸的，所以他们才会为 1% 的人打工。改掉惰性，一切将会变得不同。

然而，懒惰是人的一个本性，表现为心理上的倦怠情绪。它的表现形式多种多样，包括极端的懒散状态和轻度的犹豫不决。气愤、嫉妒、厌恶、内疚等情绪都会引起懒惰，使人无法按照自己的意愿行动。

刘川是我的一个朋友，直至去年他还在混日子，一次意外让他彻底清醒过来，开始了全新的生活。认识刘川已经有十年了，小伙子个子很高，长相清秀，唯一的缺点就是懒。由于太懒了，导致责任心不强，在工作中表现消极。在他看来，日子得过且过，每天有烟抽、有酒喝就足够了。

因为这样的工作态度，他几乎每隔一两年就会换一次工作，抑或是被开除，抑或厌烦了目前的工作，自己跳槽。刘川脾气挺好，人缘也不错，就是对什么事都不上心，所以平时朋友出去玩的时候一定少不了他，但是如果遇到正事绝对不会叫他。

年过三十，刘川还做着最基层的工作，每月 3 000 多元的工资对他来说够花了。看着朋友们一个个赚了大钱，他也会眼红，大家想帮他一把，可是他太懒了。

刘川这种知足常乐的人生态度也挺好，没钱，也不奢望太多。可是那年他妈病了，看病需要很多钱，刘川急坏了，开始到处借钱。然而，后续治疗费用高得惊人，他的工资根本不够。

刘川是个孝子，这下急坏了，他开始后悔耽误了太多时光。每次都喝到酩酊大醉，在无人的街道失声痛哭。后来，我安慰他，与其每天颓废下去，不如行动起来，我建议他找一份送快递的活儿，只要勤快，还是能挣钱的。

人逼急了都是有潜力的，为了他妈，刘川真是拼了，每天工作超过 14 个小时，在公司他的业绩最好，每个月都能拿到近万元，比一些白领收入还高。

看到刘川的努力，以前很多朋友也开始伸出援手，他们不再担心借出去的钱像之前一样打了水漂，这一次，他们选择相信刘川。

终于熬过了这一段时间，刘川母亲的身体渐渐恢复过来，而刘川如同换了一个人，他不再送快递了，转行做销售，因为勤奋，业绩一直都很不错，日子也开始进入正轨。

只要行动，一切都不会太迟，无论你之前经历过多么失败的人生，也无论别人怎样评价你，只要开始行动，都还有机会。一生中有很多机会，重新回到人生的入口，趁一切还来得及，做出正确的选择。

告别为时已晚的愚蠢想法

拖延症是心理学研究的重要课题，从市场上这方面的著作之多就能看出来，可见这是普遍存在的问题。

拖延症是指自我调节失败，在已知有害的情况下，仍然把计划好的事情推迟。拖延症普遍到什么程度呢，一项调查显示大约 75% 的大学生认为自己有时拖延，50% 的大学生认为自己一直拖延。

拖延症不是生理疾病，但严重者会对身心健康带来消极影响，比如自责、负罪感、自卑，并伴有焦虑症、抑郁症等一系列负面情绪及心理疾病。

“为时已晚”是很多人普遍存在的消极且愚蠢的想法，这些人往往是潜在的拖延症患者，他们的生活、事业一塌糊涂。这些人也曾有梦想，有目标，但是每次开始之前，都觉得为时已晚，所以从未行动。

你知道吗？今天的世界充满了无限可能，所以什么时候开始都不会太晚。著名老年问题专家、美国西北大学教育及社会学教授贝里斯·纽古顿说：“30 年前，人们大都可以预料到自己一生中某个阶段的情况。但是，现今成规已经被逐渐打破，生活周期变动性大得多了。无论在什么年岁，每个人都比以前更容易做出改变。”

只要我们想要改变，即便已不再年轻，也完全有机会将自己重新放回人生的入口，这就是人生，它充满了无限可能。澳大利亚百岁老人鲁思·弗里思在 2009 年 10 月 11 日进行的世界大师锦标赛上将重 9 磅（约 4.08 公斤）的铅球推出 14 英尺（约 4.27 米），一举夺得世界大师锦标赛女子 100 岁至 104 岁年龄组铅球冠军，并打破了该项目的世界老年纪录。

当有人问老人是否还会参加四年后的比赛时，她这样说道：“每一年都是全新的一年，我不知道会怎样。只要你享受每一天，然后就会忘记你到底有多大岁数了。”

即便已经到了垂暮之年的老人，也能够改变自己的生活，让人生更有意义，何况充满活力的年轻人呢？生活给每一个人重新开始的机会，而你要做的就是告别那些为时已晚的愚蠢想法。

宿命论者的悲伤

你以为命运已经注定而无法改变了吗？身边有很多宿命论者，年纪轻轻，却就此屈服于命运。在他们看来，无论多么努力也无法改变命运，“我们家三代都是臭工人，我这辈子是发不了财了”、“再怎么努力也无济于事，没背景就没机会”、“这是一个拼人际关系的时代，没别人那样的人际关系，也别想干人家那样的差事”……

这是宿命论者的悲伤，当“不可能”的观念深植于心，一切努力都显得徒劳，他们会逐渐接受一个失败的自己。

现在转行已经来不及了？

很多人都表达过类似的想法，一旦他们在某一行业做了五年甚至更长时间，就认为这辈子已经没有改行的机会了，看不到前途，开始混日子。

的确，转行是很困难的，但绝非没有可能，如果你对现在的工作不满意，可以试着这样做：

A.

不求一步到位，循序渐进地向相似行业转型。转行这件事，想要一步到位太难了，比如我厌烦了朝九晚五的工作，想出去看看世界，于是找朋友帮忙干起了领队的工作，偶尔帮忙带带团，我可以一分钱不要，只求能出去转转。进了这个圈子，一切就会容易很多，考导游证，全职带团……这是一个过程，急不来的。

B.

借助人际关系实现转行。任何时候，人际关系的力量都是巨大的，托关系找工作的比例很大，所以千万不要忽视你的人际关系，他们会让你的转型来得更容易一些。

即日·此刻，激发心想事成的力量

什么时候开始行动？如果你还存在这样的疑问，说明你离成功还有一段距离，还没有真正理解立即行动的意义。当你萌生成功的意愿之后，就要立刻激发心想事成的力量，早一天踏上征途，早一天见证成功。

行动的秘密

杰克·坎菲尔德，在美国出版行业，这是一位神话级的人物，他创作的《心灵鸡汤》系列在全世界56个国家发行，被译为47种语言。全球畅销上亿册，是美国乃至世界各国公认的权威心灵成长读物。该套丛书连续七年蝉联美国畅销榜第一名。

杰克·坎菲尔德将这一切的成就归功于心想事成的力量，在金钱的强大吸引力下，杰克开始付诸行动。那时，他的年收入只有8 000美元，而他的目标却是年薪10万美元。如此大的差距要如何实现呢？

首先，杰克运用视觉化目标的方法，将一张特制的10万美元纸钞贴在了天花板上，确保每天睡觉前与第二天一早都能看到它，一天的开始与结束都从这10万美元为标志，杰克感觉浑身充满了力量，10万美元年薪似乎也成为他这一年的唯一目标。

然而，30 天过去了，没有任何变化。杰克突然意识到，仅仅依靠做梦是不行的，也就是说即便激发心想事成的力量也很难达成目标，必须与具体的行动相结合。想到这里，他毫不迟疑，立即展开了行动。

杰克开始反复思考，他想了各种在一年内赚到 10 万美元的可能性，在这样反复思考的过程中，灵感终于出现了。当时，杰克已经写好了第一本书，经过计算，如果这本书可以卖出 40 万册，他就能够获得 10 万美元的版税收入。那么，如何实现这个目标呢？他开始四处奔走，希望找到一家强大的宣传机构。一次在超市闲逛时，看到了一份《国家询问报》，他知道这份报纸的销量很大，如果能刊登自己新书的信息，那一定会有助于图书销售。

杰克似乎看到了希望，接下来的几周他反复想着这件事。当一个半月之后，杰克在纽约亨特学院完成了一场讲演后，一位自由作家前来采访他，接过名片一看，杰克惊呆了，原来这位作家正是给《国家询问报》撰稿的。就这样，杰克的专访顺理成章地登上了这份销量不错的报纸，当然，他的新书信息也就此传开了。

结果如何呢？杰克并没有如愿赚到 10 万美元，而是赚到了 92327 美元，但是他认识到了心想事成的秘密，那就是不断想着自己的目标并且付诸行动，在行动的过程中会遇到各种各样的机会。

之后，杰克将目标放大了 10 倍，他想要 100 万美元，后面的故事大家都很清楚了，随着《心灵鸡汤》一书的出版，他收到了迄今为止最让他兴奋不已的一张百万美元支票。

这就是行动的秘密，不断想象目标的实现是远远不够的，立刻行动才是实现目标的关键。任何幸福都不是靠想象而来的，它需要你的实际行动作为支撑。

用强烈的渴望激发行动的欲望

一旦我们对某个人或某件事产生强烈的渴望，就会激发行动的欲望，然而很多人由于性格、环境等因素的限制，自我压制欲望，让一切可能都被扼杀在萌芽阶段。可能是因为国人生性腼腆低调，也可能是社会环境的限制，我发现身边很多人都有压制欲望的倾向，当内心爆发出强烈渴望的时候，他们不是立刻付出行动，而是犹豫不决甚至自我压制欲望。

欲望是一种神秘的力量，它具有两面性，过度膨胀将会导致自我迷失，而如果能将它控制在合理范围之内，就会激发出内心潜在的动力。

我们都是普通人，过着平凡的日子，但这并不妨碍我们去追寻梦想，生活中那些平凡的小事及普通的目标都可以成为激发我们前进的动力。我有一个姐妹，她的目标很简单——减肥！为了能从130斤瘦到100斤，她天天坚持跑10公里，她不断在朋友圈晒照片，分享她近期的成绩，最初我们不以为然，认为她是一时心血来潮，没想到半年过去了，她还在坚持，并且成绩越来越好。看到她越来越瘦的样子，我们除了羡慕，也感受到了一股正能量——只要坚持行动，梦想就会成为现实。

行动力测试

心想事成的关键取决于个人行动力，再好的想法如果不去付诸实践，依然没有实现的可能性。想知道自己的行动力如何吗？通过工作和生活中的一些小习惯，就能看出你的行动力的强弱。

1. 工作中，当领导吩咐你去做一件事时，能否在规定时间内完成?

A. 很少按时完成。

B. 大部分情况可以完成。

C. 每次都按时完成。

2. 生活中，当你想起某件事后，总是第一时间处理吗?

A. 从不。

B. 偶尔。

C. 总是。

3. 当你正在忙于工作时，同事有急事求你帮忙处理，你会怎么做呢?

A. 把同事的问题放在一边，忙完手里的活儿再说。

B. 一边忙自己的事，一边解决同事的问题。

C. 用最快的时间解决同事的问题。

4. 每当接到新的工作任务时，你习惯怎么做？

A. 十分抵触，不想干活。

B. 不着急，放一放再说。

C. 立即着手去做。

5. 午餐时间，如果客户找你，你会：

A. 先吃完饭再说。

B. 打电话告知，让客户稍等。

C. 结束午餐，马上去帮客户解决问题。

6. 生活中，父母让你帮忙做一件并不紧急的事，你会怎么做?

A. 不当回事，放着放着就忘了。

B. 先放一边，有时间再说。

C. 马上处理。

7. 如果你家的暖水瓶不保温了，你是：

A. 凑合着用，不保温就凉着喝。

B. 有时间再去买一个新的。

C. 从网上订购或者马上去超市买一个新的。

8. 当上司询问你的工作进度时，你更倾向用以下哪种方式回答？

A. 可能无法按时完成。

B. 估计能够按时完成。

C. 一定准时完成任务。

9. 当你正忙着完成一篇稿子时，女友打来电话，你会：

A. 放下手头工作，陪女友聊天。

B. 边聊边干活。

C. 告诉女友自己正忙，回头打给她。

10. 当你准备完成一项计划时，你会：

A. 反复筹备，只有条件都成熟之后再开展行动。

B. 一边行动，一边完善计划。

C. 立即行动，毫不迟疑。

积分规则：

选 A 得 1 分；　选 B 得 2 分；　选 C 得 3 分。

测试结果分析：

得 10 ～ 17 分，行动力较差：

无论生活还是工作中，你都不是一个行动力很强的人。生活中，你可能很享受这种慢悠悠的生活状态，然而工作中却表现出较低的效率。为此，你面临着很大压力。你的目标经常因为行动力差而夭折，你更多地停留在想象的阶段，而没有能够付诸实践。

得 18 ～ 24 分，行动力适中：

你具备一定的行动能力，像大多数人一样，你的行动力适中。然而，在竞争激烈的职场，你的优势并不明显。而生活中，对于那些感兴趣或者很着急的事，你往往可以马上付诸行动，其他情况则容易出现懈怠的现象，你也会为此失去一些机会。

得 25 ～ 30 分，行动力强：

恭喜你，你是一个行动力很强的人，工作中因此始终保持着较高的效率，是一名值得信赖的员工。生活中，一旦当你形成强烈的渴望，就会毫不犹豫地付诸行动，那么成功的概率也会大大提升。

心想事成之行动力训练：让一切变得更有意义

美国第34任财政部长罗马纳·巴纽埃洛斯说过："一切的一切都毫无意义——除非我们付诸行动！"

很多人担心没有结果而放弃行动，殊不知没有行动就永远不会有结果，这也是成功者与普通人之间一道难以逾越的鸿沟。

口头上的巨人，行动上的矮子

这个世界上，成功者总是占少数，而绝大多数人都是碌碌无为的普通人，所以在我们身边经常会看到一些人，总是嘴上说，却很少见他们付诸行动，这类人被戏称为"口头上的巨人，行动上的矮子"。

"我要怎样做就会有钱"与"我要有钱就会怎样做"反映了社会上两种人的心态，前者是只占少数的实干家，后者是为数众多的空想家。

成为富人可能是很多人的梦想，但是空想并不会带来财富，乐观主义的确对身心有益，却不能带来实际改变。纽约大学的心理学家加布里埃尔·奥丁根（Gabriele Oettingen）说，"若你对'结局'乐观，这种对结局的美好想象会让你感到放松，你的血压甚至会因此降低。但这种乐观想象只够让你觉得‘我想要这结局’，却不足以令你动力十足、立刻行动起来将之变为现实。

我有很多女性朋友，她们看似很开心，但熟悉了之后，才发现她们只是盲目乐观，因为她们从不行动，虽然有很多目标，很多梦想，到头来实现的却寥寥无几。

今天阿娇想要攒钱买一个Prada的手提包，明天艾玛想要独自去旅行，后天Cindy要减肥……每次听到她们的誓言，我总是一笑而过，因为我知道，没有一个人能真正坚持下来，也就是几天的新鲜劲。

当我不无嘲讽地拿她们打趣时，她们依然一副无所谓的样子，从我的专业角度看，这种盲目的乐观情绪会使其高估自己的意志力，低估过程中将会遇到的困难。

以Cindy为例，她从来不是一个意志坚定的女孩，几乎只会空想，没有任何行动力，当她许下目标之后，为了当众揭穿她，我当即点了一个草莓冰激凌，故意摆在想要减肥的Cindy面前，她看着冰激凌，又怒视着我，纠结了两三分钟，在冰激凌要融化之前，拿起了勺子……

我之所以拿甜品引诱Cindy，是因为美国心理学家奥丁根也曾做过类似的实验，他让一群正在减肥的女士想象自己面对高热量食品诱惑时会怎样行动。有些女士信心满满，乐观地估计了自己的意志力；有些女士则显得悲观，认为无法抵御美味的诱惑。

实验进行了一年，当奥丁根回访这些女士，将她们的减重成果与此前的自我评估对比时，结果大大出乎乐观者的意料之外，那些信心满满的女士，恰恰是减重最少的人。

德语作家弗兰茨·卡夫卡说过：“做事要行动，而不是无谓的想法和不切实际的讨论。”想要就能得到只是一种美好的期许，它建立在立即行动的基础之上。如果你不想在将来的某一时段感到后悔，当你认为机会出现时，绝不要犹豫，第一时间将你的想法变为现实。

心想事成之行动力训练

心理学家奥丁根提出了一种简称为“WOOP”的方法，能够将乐观的情绪转化为实际行动力。

第一步：确定愿望（Wish）

你的愿望一定是最近、最渴望实现的、非常具体的，并且极具挑战性的愿望，太普通的愿望无法激发内心的强大动力。譬如，有一份待遇优厚的工作等着你，或者是一次机会难得的相亲会，而你要做的就是在三个月内减掉 10 斤赘肉。

第二步；想象成果（Outcome）

通过想象达到目标后你将获得的成果，也就是你的收益，激发愉悦感。比如你成功减掉了 10 斤赘肉，得到了一份知名外企的 offer，或者是找到了梦寐以求的白马王子。

第三步：寻找障碍（Obstacle）

美好的设想之后，你要回到现实，充分估计实现目标过程中可能遇到的障碍。还是减肥的案例，你是否能坚持每天进行锻炼，是否能够抵挡美食的诱惑，这些都是需要考虑的实际问题。

第四步：具体计划（Plan）

做好具体计划，将每一个步骤列出来。例如，为了减肥，每天无论刮风下雨，都要坚持跑上 10 公里，无论多么美味的食物，吃到半饱即可等。列出具体计划，严格执行。

通过 WOOP 原理，连意志力最差的吸毒者都能用一个下午写出一份求职简历，相信对于一般人来说，一定可以实现那些并不算太难的目标。同时，WOOP 理论还可以筛选掉那些不切实际的目标，节省了我们的时间。

> “你必须对解决难题的可能性保持乐观，同时对当前解法的合理性保持怀疑”
>
> ——《黑客与画家》

遗愿清单：你的人生会留下什么

> 除非我们向着某一个方向努力，否则希望和梦想是不会实现的。
> ——克里斯托弗·彼得森

曲终人散，有些人坐等散场，有些人匆忙离去，而我总是最后一个离开的人，就那么坐着，在电影院中看着长长的演职人员表缓缓划过，思考着整部影片的意义；在每一场演唱会结束之后，等待幕布徐徐落下，灯亮的瞬间一阵莫名的感动涌上心头，往事一幕幕闪过……

如果，今天是你人生中的最后一天，你会做些什么？

我想我会静静地坐在那里，回想此生都留下了些什么。

那么，你会如何评价你的一生呢？

你是否还记得最初的梦想？

你想成为什么样的人？

拥有怎样的生活？

如今，这一切，都如愿了吗?

当一个人不得不面对死亡的时候，人生中的种种遗憾就会涌上心头，这时你才发现，原来真的错过了很多。

你给自己留下了什么?是否赢得了梦寐以求的生活，别人对你的评价怎样，你做出过什么成绩，你有哪些人格魅力，身后是否会被人提起……除了钱，难道你什么都没留下吗?

想象这是你生命中的最后一刻，你再也不需要谦虚或虚伪，回顾你的一生，这段旅程是否值得，是否充满意义。

在成为一名导游之前，朝九晚五地辛苦奔波的时候，我总是感觉没时间，那时我常常想如果有空，一定做些自己喜欢的事，读读书，去咖啡馆发呆，学习烧菜，四处旅行……可是到头来，却发现永远都没时间，永远在为生活奔波。

很多时候，我们忙于工作而忘记了最初的梦想，或者是自己感兴趣的事，当时认为这些小事并不重要，比如阅读、做饭、健身、摄影、养花……我们安慰自己，总会有时间去做这些事，等升职加薪之后吧，可那时你却发现自己比之前更忙了；那就等退休之后吧，但你会发现力不从心了。

现在，我终于明白了，除非自己制造时间，否则这些想法永远都不会实现。这也是我写本节的目的，从此刻开始，列一张遗愿清单，那些你想做却没有做的事情，不要让它们成为遗憾。写好之后，好好保存，在未来的某一刻打开它，看看哪些目标实现了，离哪些目标更接近了，还有哪些目标需要修改及哪些目标从未付诸行动。

我的遗愿清单

遗愿清单应该是什么样子呢？其实，它没有具体的格式，只是将你想做还没有时间去做的事写下来，下面是我的清单内容：

这一年，我要认真写下每一部作品。在将来的某一天，用我的作品填满自己的书柜。

每年完成两次旅行，走遍国内名胜景点，感受因为陌生带来的新鲜感。如果有能力，每年出一趟国，去看看世界的样子（现在这个愿望已经实现了，我成了一名导游）。

对曾经暗恋的男生大声说出："喜欢你，谢谢你。"

凌晨一点，一个人走在空旷的街道，感受喧嚣之后的寂寞。

像个孩子一样，在瓢泼大雨中奔跑，找寻努力的意义。

……

也写下你的清单吧，然后将它们放在某个角落，将来的某一天打开看看，哪些梦想已经实现，哪些愿望依旧是遗憾。

1. 你想成为什么样的人

2. 你想拥有怎样的人生

3. 你想拥有怎样的成就

4. 你目前内心最想去的地方

5. 你的梦中情人是什么样子

6. 你想将孩子培养成怎样的人

7. 你想让父母过上怎样的生活

……

曲终人散，你的人生会留下什么？如果不想虚度此生，就写下自己的遗愿清单，在有生之年，将它们全部实现吧！

世界从不亏欠每个努力追寻幸福的人

Pursuit of happiness

第二章

将你的想法变为现实

你梦想成为怎样的人？拥有怎样的人生？

“

“福尔摩斯接过布袋，走到低洼处，把草席拉到中间，然后伸长脖子伏身席上，双手托着下巴，仔细查看面前被践踏的泥土。“哈！这是什么？”福尔摩斯突然喊道。这是一根烧了一半的蜡火柴，这根蜡火柴上面裹着泥，猛然一看，好像是一根小小的木棍。

“不能想象，我怎么会把它忽略了。”警长神情懊恼地说道。

“它埋在泥土里，是不容易发现的，我所以能看到它，是因为我正在有意找它。”

——摘自小说《银色马》

”

想要成为怎样的人

“我之所以能看到它，是因为我正有意找它。”

福尔摩斯并不是洞察力更强，而是更多的期待，通过假设锁定了目标，继而很快发现踪迹。

警长为何没能发现？因为他在被动寻找，而福尔摩斯则表现得更为主动，通过假设与期待发现了目标。

Q1：为什么99%的人给1%的人打工？

因为他们习惯了接受被动的人生，被领导安排做工作，渐渐地习惯了被人发号施令，丧失了主动性。而积极心理学所研究的内容，正是要帮助人们完成从消极被动到积极主动的转变。

Q2：想要成为怎样的人？

这就是你的目标，为了实现目标，你要做的就是保持期待，并且主动追寻。

大部分人儿时都会有自己的偶像，可能是电影明星，可能是著名歌手，或者是某位成功商人，政府高官……这些人大都是名人，也有些孩子梦想成为像自己父亲、母亲的角色，或是身边某个人的样子。然而，儿时的梦想大都不可能实现，直到长大成人，心智成熟之后，你的选择才会决定一生。直到此时，在你心中所渴望成为的那个人才是你的终极目标。

由于个人层次有限，所接触的大都是凡人，所以大部分人心中最想要成为的那个人多为富翁，在这个看似经济基础决定一切的社会，这样的目标无可厚非。只是，我要给某些人泼一盆冷水，你想成为的那个人必须跟你有一定的相似性，也就是说通过努力你确实能够到达他们的高度。

之所以这么说，是因为我听过太多不切实际的目标。“我将来要成为比尔·盖茨、巴菲特”，“我想做中国首富”……而他们的身份呢？只是某个小乡村的村民，我真想对他说：“你连村长都当不上！”

过于远大的目标只会起到短时间的激励作用，很快你就会发现自己的想法是多么幼稚，所以你在树立心中偶像的时候，一定要考虑自身条件，这就要求你首先做好自我分析。

每个人的一生都需要经历几个阶段，从幼稚走向成熟，从失败走向成功。在每一个阶段，你的目标都可能发生变化，也许今天你想成为富豪，明天又想成为歌手，这样的变化都是很正常的，但变化过于频繁则说明你根本没有具体目标，无助于你成为想象中的样子。

实战演练

步骤一：自我分析——找出最可能成为的那个人

通过准确的自我分析，认清自己的内在与外在条件，内在条件包括性格的优势与劣势、个人形象、兴趣爱好、能力等，外在条件包括个人财富、社会地位、人际关系广度等。结合个人条件，找出最可能成为的那个人。

步骤二：模仿——通往成功的捷径

模仿是通向成功的捷径，想要深入模仿，你就必须与被模仿人频繁接触，如果只是电视上的人物形象，你最多只能模仿他们的言谈举止。因此，从身边的人挑选一个偶像更容易成功，比如说你的老板，由于你每天都能与他接触，可以近距离观察，这样更容易学到真东西。

步骤三：超越——在适当的时候做回自己

一味模仿最多只能成为 ××× 的影子，甚至还可能迷失自己，所以你必须在适当的时候做回自己，超越模仿的对象，形成自己的标签，这也是很多人所采用的成功方法。

虽然抄袭与模仿一直被人们诟病，但很多人却从中尝到了甜头，就像很多小公司在起步之初，都是通过这样的方式做大的。所以，只要你能够在适当的时候做回自己，也就完成了自我超越。

借案例以分析：如何成为公司销售冠军

在我看来，最渴望成功的一类人就是公司的销售人员了，所以下面以“如何成为公司销售冠军”作为案例进行分析。

第一，要知道公司内谁的业绩最好，谁是目前的销售冠军，他 / 她完成了多少业绩，为此都做了哪些事情，付出了怎样的努力，采取了何种销售策略，以及给他 / 她带来成功的性格特征、能力经验、人际关系广度、时间节点、内外环境等都必须了解清楚。

第二，要考虑如何超越他 / 她，成为公司新的销售冠军。你需要综合考虑自身现状，包括在公司所处的位置、人际关系如何、个人能力与经验等。要清楚自己必须完成多少营业额才能超越目前的销售冠军，还要清楚公司一共有多少位业务员，逐一分析自己潜在的竞争对手，有没有更好的方法超越他们，了解自己必须完成多少营业额才能力压这些强劲的对手。

第三，明确目标客户群。为实现预期业绩，每天需要打多少通电话？筛选出多少位目标客户？拜访多少位意向客户？要进行多少次销售面谈？

第四，对自己进行合理的评估。是否有足够的能力争取到与目标客户面谈的机会？是否能做批发式销售，就是说进行一对多的销售？为此，需要聘请多少位助理帮你实现目标？

第五，深挖 VIP 客户，也就是那些所谓的大客户。要知道如何激发他们的购买欲望，有钱人大都没时间，所以要在最短的时间内阐述清楚产品优势以及为何需要你的产品。是否拟订了一套完美可行的行销方案？在这个过程中，会遇到怎样的困难和瓶颈？如何去克服这些困难？是否能够坚持不懈，直到成功？

作为一名销售人员，如果无法回答上述这些问题，那么说明你对自我的认知并不明确，现阶段无法成为公司的销售冠军。

你想拥有怎样的人生

这是一个很现实的问题，每个人都曾不止一次地幻想未来的生活，各种美好的人生图景在脑海中一次次地闪现。恭喜你，这是梦想成真的第一步，这也是心想事成法则最基本的内容。

你想拥有怎样的人生，就要积极期望，只有当你的脑海中浮现出渴望的生活场景之后，生活才会有奋斗的动力。这涉及心理暗示的内容，只有积极的心理暗示，才能帮助你实现梦寐以求的生活。

很多人不相信心理暗示的作用，然而心理学家早已通过各种实验证明了它的功效，下面举几个例子，

案例一

《生物心理学》是由美国人杰姆斯·克拉特教授所写，里面讲述了这样一个事例：

几个大学生开玩笑，将其中一位手脚捆绑起来，再把眼睛蒙住，然后抬到一条已经废弃不用的铁轨上，这很像黑帮片里的经典镜头，可实际上只是年轻人的恶作剧而已。不过，那位倒霉的年轻人，他并不知道自己卧伏的是已经废弃不用的铁轨。当他听到远处火车呼啸而来，又飞驰而去的声音时，开始拼命挣扎，很快便筋疲力尽，不再动弹了。当几个大学生来给他松绑时，发现他已经死了。

案例二

获得过美国最佳业余运动员称号的葛林·康汉宁，小时候曾被烧成重伤，虽保住了性命，但是下半身却失去了行动能力，医生说以后只能靠轮椅度日了。

不过这个孩子确实不一样，他不甘于在轮椅上度过此生，坚信自己能站起来。日复一日，在积极心理暗示的驱动下，他不仅成功摆脱了轮椅，竟然入选了田径队。

你想拥有怎样的人生，就要从内心发出期待，强烈的心理暗示会给你巨大的动力，让你义无反顾去追求目标，直至成功。

猫走不走弯路，取决于老鼠

“

“请你告诉我，我该走哪条路？”爱丽丝说。

“那要看你想去哪里？”猫说。

“去哪儿无所谓。”爱丽丝说。

“那么走哪条路也就无所谓了。”猫说。

——摘自刘易斯·卡罗尔的《爱丽丝漫游奇境记》

”

猫走不走弯路，取决于老鼠，是指只有在目标的引导下，我们才能更好地实现任务。老鼠就是目标，而只有当老鼠出现在猫的视野中后，猫才会形成自己的目标，老鼠也就成为猫的短期目标。在老鼠的引导下，不管猫怎么走都是“直线”，因为这是最短的距离，根据两点之间直线的距离最短推论而来。

只要能够在最短时间内抓到老鼠，猫就没有走弯路。而现实生活中，很多人走了弯路，并不是由于缺少目标，相反是由于他们的目标过于长远。

一个切实可行的短期目标将带给你成功

很多人跟我抱怨过人生，几年前，一个小伙子就问我："为什么我拥有很宏大的人生目标，却始终没能实现理想。"

我问："你走直线了吗？"

他说："没有，我感觉自己一直都在走弯路。"

我告诉他，之所以一直没能实现目标，是因为理想过于远大，这也决定了在实现理想的过程中不可避免地走很多弯路。

我接着问道："你还在为理想而奋斗吗？"

他说："早就不想这些事了，那都是励志书里骗人的。"

我笑着问他："就这样了？"

他答："那还能怎么办？我为了这个远大的目标努力了好多年，到头来一无所获。"

我继续往下问："你的目标或者说理想是什么呢？"

他说："我想进入职业足球队。"

我接着问他："那你目前在哪里踢球？"

他说："我参加过类似的选拔，但一次都没被选上，目前在一所足校跟队训练，寻找机会。"

我说："小伙子，现在的足球圈我不清楚，但十几年前，不是谁都能进入职业队的，除非你的能力出类拔萃，否则几乎不可能被选上。别看我是女的，但也算是资深的女球迷，我认识很多学球的，有些人水平很高，但大多数人由于种种原因而落选，只有少数'幸运者'或能力极强的人得以进入专业队。根据我的观察，你的能力平平，所以我认为你的目标定得太高了。”

他说：“我也意识到自己能力一般，学校很多比我踢得好的都没入选。那我该怎么办啊，以后干什么啊？”

我问：“你还想干这一行吗？”

他说：“想啊，足球就是我的命！”

我说：“那好，从今天开始，给自己一个切实可行的短期目标，想一想为了继续你的梦想，你在短时间内最可能实现的目标是什么。”

他说：“嗯，我可以考体育大学，当一名体育老师。”

我说：“这是一个很务实的选择，并不难实现，你可以为此努力尝试。”

一个可行性的短期目标会给人带来希望，而过于远大且难以完成的目标，会因为困难重重而被放弃，根据心理学研究的结果，放弃目标会给人的生理和心理带来负面影响。

设定目标不是一件简单的事情，不是你一拍脑袋就随便定下一个，目标的实现是件有风险的事情，一旦目标太难导致中途放弃，那么失败感便开始积累，你会质疑自己的能力，也就陷入了心理学家所说的“行动危机”。

研究显示，经历一次行动危机会提高身体内部应激激素皮质醇的生成，这是大脑在应对内部矛盾时的一种警报。问题在于多余生成的皮质醇不利于你的表现，或许还会导致更早放弃目标。同时，它还会升高血压，损害你的血管。

如何制定可行性目标

可行性目标以短期目标为主

通过对身边事业有成者的了解，其中90%的人并没有长远目标或者说并没有实现当年设定的远大志向，也许你会感到很惊讶，其实仔细想想一点都不奇怪。从我们考大学选择专业时开始，在没有任何社会经验的情况下，很可能选择一项自己毫不了解也毫无兴趣的专业，更不要说其长远性与可发展性。所以，如果你在那时就形成了长期目标，99%都无法实现。

只有在工作几年之后，我们才能更清楚自己想做什么，能做什么，这时的目标才更靠谱一些。即便这时，也用不着制定远大目标，建议以短期目标为主，比如你近期最想得到什么，最想完成哪些业绩，由于时间短，困难小，更容易完成。

一个个短期目标更容易带你走向成功，也不会让你因为难度过大而放弃。也许会说我志向不高，也许我的方法并不能让你成为一个伟大的人，却可以带给你实际利益，因为很多人已经证明了它的实用性，而且屡试不爽。

最佳目标并非最有价值的那个，而是最可能实现的那个

先看一个小故事：法国作家贝尔纳一生创作了大量的小说和剧本，在法国影剧史上占有特殊的地位。一次，法国某报纸刊登了一则有奖智力竞赛，题目如下：

如果卢浮宫失火，情况危急，只允许抢救出一幅画，你会抢哪一幅？

回答千奇百怪，几乎囊括了卢浮宫内所有的画作，而在成千上万的回答中，贝尔纳以最佳答案获奖。

他的回答是："我抢离出口最近的那幅画。"

不知道这个故事的真实性，但贝尔纳的回答却是最务实也是最聪明的。众所周知，卢浮宫内有很多传世之作，其中最著名也最值钱的，恐怕要算达·芬奇的《蒙娜丽莎》，如果你去抢救最有价值的《蒙娜丽莎》，很可能和它一起葬身火海，聪明的选择是拿起离出口最近的那幅画。

实现目标的过程也是如此，如果你的终极目标是超越比尔·盖茨，其他目标对你来说都不重要，那么你很可能到死也无法实现这个目标；如果你将目标定为今天一定要赶上回家的末班车，这样可以省去 50 元的打车钱。我想，实现目标的可能性一定会大很多，这也是更实际的目标。

目标要有挑战性，没难度的目标意义不大

设计目标一定要有挑战性，缺少难度的目标意义不大。比如你是一名房地产销售，每个月主动上门成交的客户就有 10 个，而你将目标设定为每月至少完成 12 个客户的销售任务，这样一算，你每个月只需要自己再找 2 个客户就够了。是不是没什么意思？一点挑战性也没有，这样不利于自我成长。如果你很享受这种工作状态，不是说明你毫无进取心，就是老板管理太松。

设定可行性目标，也要有挑战性，重压之下必出精英。为自己制造困难，不是为难自己，而是为了自我提升。

精确设定目标

很多心理学实验都已经证明了目标的重要性，一个精准的目标能够激发人的潜能，调动积极性。心理学家解释说：没有目标，或者目标过于远大，会导致漫无目的的行动，而一个精准的目标则会起到引导作用，人们把自己的行动与目标不断地加以对照，进而清楚地知道自己的行进进度和与目标之间的距离，人们行动的动机就会得到维持和加强，就会自觉地克服困难，努力达成目标。

你有明确的目标吗

目标对于成功，对于我们的人生来讲，都具有巨大的导向性作用。很多时候，我们并不是因为能力不足而无法实现目标，而是根本不知道要做什么，要实现什么样的目标。

以初入社会的大学生为例，很多人并没有清晰的职业规划，甚至念了四年大学才发现对所学专业一点兴趣也没有，结果导致毕业后不知道该做什么，找工作时非常盲目，找到什么工作就做什么，没有考虑到该职业的发展前途。所以，五年之后，十年之后他还是原来的样子，换了很多份工作，依然没有找到自己想要的，薪资待遇仍停留在最低水平。

再来看一个实际生活中的例子，这也是大部分人都会遇到的问题——找对象。

人物：艾米·欣克利

性别：女

年龄：30

职业：秘书

找到如意郎君的时间：5 年

约会人数：1 000 人

这位来自英国的女秘书艾米·欣克利花了整整 5 年时间，在 13 家婚恋网站登记，约会了 1 000 个男人，才找到了真命天子。

别以为这是天方夜谭，如果你没有明确的目标，找到理想伴侣的难度只会更大。如果你还是不信，英国数学家彼得用数据证明了真爱的难寻。

据英国《每日电讯报》报道，英国沃里克大学的经济学教师彼得·巴克斯，在其论文《为什么我没有女朋友》中，用数学方法算出找到理想伴侣概率只有 1/285 000。

彼得在“挂单”三年之后开始思考这个问题，为了寻找答案，他用了一个原来用于计算外星人存在概率的“德雷克方程”的著名公式，方程表述为“N=R × Fp × Ne × Fl × Fi × Fc × L”。

彼得分别将 N 定义为“可能适合某男性的女性数量”，右边七个因素分别是：“英国每年人口增长率”、“女性人口比例”、“这些女性居住在伦敦的概率”、“其中年龄适合的概率”、“其中有大学学历的比例”、“其中相貌出众的比例”以及“这个男子的预期寿命”几个因素计算在内。

彼得当时 30 岁，单身，按照公式计算，在全英国 3 000 万女性中只有 26 人可能成为他的女朋友。彼得·巴克斯说，即使每天晚上出去碰运气，要在伦敦街头找到理想伴侣的概率也只有 1/285 000。

彼得在得知这一概率后十分沮丧，他认为没有女朋友的原因是因为机会太少。

虽然彼得·巴克斯的参考数据是以英国人口为基础，并不适合中国国情，但足以说明一个问题：没有明确的目标，真的很难找到意中人。

所以，对于任何一个想要做出点成绩的人来说，是否拥有明确的目标真的是一个严肃的问题，如果你还是满不在乎，多年以后的结局很可能会令你失望。

树立目标很容易，拍拍脑袋就能想出一大堆，然而不切实际的目标并不能帮到你，反而会拖累你。一些心理学研究资料表明，目标更加明确，弹性空间越少，更有助于目标的实现。因此，如果你想做点什么，就给自己一个具体的任务，没必要那么伟大，你就是一个普通人，比如你就想买一个 iPhone 6s，可从你每月可怜的工资里省出来少数钱去还贷款。

如何设定目标

还是以大学毕业生举例，假设在报考大学之初，选择的专业正是你所希望从事的职业，那么你首先要做的是一份详细的职业生涯规划。在将来，这份规划到底能够起到多么重要的作用还不好说，也许一点用都没有，但是对于一名大学毕业生来说，还是很重要的。

其次，根据你的职业规划选择有可能被录用的工作。你所期望从事的职业一定要符合你的特点，也就是说不要选择一些跟自身能力相差太远的职业，或者选择那些跟所学专业不沾边的职业。比如说你学的是财务管理，非要找一份汽车销售的工作，其难度可想而知。

最后，通过反复实践寻找正确的目标。再完美的计划在实践过程中也会漏洞百出，所以只有在参加工作之后才能找到真正感兴趣的目标。就是说，你可能会换不同的工作，在这个过程中你才能找到真正感兴趣的事或者是自己所擅长的工作。至此，目标设定完毕。

再来看找对象的例子，假设一位到了适婚年龄的女士想找个理想的伴侣一起走入婚姻殿堂，那么，她需要的是一个明确的目标。

首先，她要明确理想对象的外在条件。例如，可接受的年龄范围是多少？不能接受的属相或星座是什么？他是哪里人？南方人？北方人？具体到哪个城市可接受，哪个城市不可接受。他的血型是什么？身高多少？体重多少？他从事什么行业？文化程度如何？经济状况如何？是否有车，有房，有一定的经济基础？……

其次，她要明确理想对象的内在条件。例如，性格如何，内向还是外向？乐观还是悲观？是否有上进心？是否热爱家庭？是否具有良好的修养？是否具有强烈的责任心？是否孝敬父母？是否喜欢小孩？他的婚姻价值观如何……

再次，她还需要了解对方在择偶方面的喜好。例如，他喜欢什么样的女人，喜欢胖一点的，还是瘦一点的？喜欢高个子，还是矮个子？只爱绝色美女，还是更注重个人气质？喜欢性格温柔的女人，还是喜欢野蛮女友……

只有更好地设定目标，才能更精准地找到你的“目标客户”，否则你会为此浪费很大的精力。精准设定目标，就会降低目标失败的可能性，更会保护身心健康。这并非危言耸听，一系列心理学研究证明，目标的实现是件有风险的事情。

我们都设定过目标，也清楚目标实现过程中会遇到的问题，当挫折开始积累，失败一次次叠加之后，你的情绪是不是变得很糟，你是否开始质疑自己，甚至质疑人生？在心理学上，这一现象被称为“行动危机”。

研究显示，经历一次行动危机会提高体内应激激素皮质醇的生成，这是大脑发出的警报。多余生成的皮质醇不利于你的表现，还可能导致更早放弃目标。同时，它还会升高血压，损伤你的血管。

成功真的没那么容易，所以不要将精力浪费在漫无目的的目标上面了，精准设定目标，一切才有可能。

目标的视觉化效应

视觉化效应，指的是在认知过程中，人们对那些“视觉化”了的事物往往能增强表象、记忆与思维等方面的反应强度。目标视觉化，则是为了更好地激发欲望，加速目标的实现。这也是心理学经常用到的一种方法，具有很强的实用性。

视觉化目标，视觉化梦想

曾几何时，我们对所谓的吸引力法则失望至极，因为那些虚幻的方法并没有带来任何益处。然而，这些激励方式并非一无是处，比如视觉化梦想，真的可以激发内心渴望，挖掘出更多的潜能，有助于目标的实现。

世界超级激励大师安东尼·罗宾，当年住在一间不到10平方米的小公寓里，那时他的境遇糟透了，所以他发誓改变这一切，而他所运用的方法之一正是视觉化目标。

安东尼誓言改变的动机还要从一个小插曲讲起：当时他有一个女朋友，两个人关系很好，然而这一切都在他第一次邀请女友来家中做客后改变了。那天，女友一进门，发现这间10平方米的小公寓甚至连床都没有，他们就在吊床上躺着，同时听着安东尼给她编织着美丽的未来。安东尼对女友说："亲爱的，你知道我今年23岁，我未来会非常有成就，你也看到了我的企图心，知道我有强烈的动机，坚定的信念；你看到我每天都在努力，我相信，你要嫁给我的话，一定不会失望，将会过上荣华富贵的生活，每天早上都不用闹钟，因为你根本不需要工作；我们会拥有私人飞机，根本不用排队去机场……"

"你看一个男人,绝对不要看他目前的状况,要看他未来的潜力如何。"安东尼·罗宾在给女朋友描绘一个美好的未来。

最后，他说道："请问，你愿意嫁给我吗？"

在如此浪漫的氛围中，女朋友也心动了，当她正要说出"是的，我愿意"的时候，吊床的绳子竟然断了，两个人一起摔到了地上，这时，电台中播放的歌曲竟然是《不要跟一个只会做梦的人谈恋爱》。

这突发的变故让女朋友感觉很糟糕，结果可想而知，安东尼·罗宾遭到了拒绝。后来，女友与安东尼·罗宾分手了，他遭受到了沉重的打击，那时起便下定决心，一定要成功，一定要证明给她看。

这就是让安东尼·罗宾下定决心改变的小插曲，沮丧过后，他跑到俄罗斯学习潜能开发，并学会了将目标视觉化的方法。

他发誓自己今后要住在可以看到太平洋的城堡中，城堡必须是圆柱形尖顶的。为此，他画出城堡的样子贴在不到10平方米的公寓内；

他发誓要购买一家私人飞机作为交通工具，并为此挑选出喜欢的型号并打印出来贴在房间内；

他发誓一年之后要结婚，并描绘出未来妻子的长相，发型，眼睛的颜色，个性……甚至婚后要生多少小孩，几个男的，几个女的，全部具体化、明确化，然后把它贴在梦想板上。

心之所想，终会成功。每天早上，安东尼·罗宾起床之后就会看看梦想板，晚上睡觉之前再看一遍。一年之后，神奇的事情发生了，他不但赚到了100万美金，而且还在那一年找到了梦想中的妻子，与他想象中的女人几乎一模一样；几年后，真的在海边买了一座城堡，并将其建造成想象中的模样；他还买了私人飞机，正是当初贴在房间内的型号与样式……

视觉化目标最直接的作用就是时刻提醒自己，防止出现懈怠的思想。惰性是人性的弱点之一，每个人都不可避免地出现懒惰思想，这时通过视觉化目标，给自己最直观的感受与冲击，能够很大程度上刺激内心的渴望，从而督促自己继续奋斗。

据研究，人们的活动百分之七十都和视觉有关，所以视觉比其他所有感觉都更有影响力。研究证明，视觉形象具有吸引注意力、唤起想象、导致联想、加深印象、易于记忆、引起感情共鸣等功能。你想买iPhone6s，想买苹果笔记本，就要经常看到实物，使用它，从而唤起拥有它们的强烈渴望，才会付诸进一步的行动。

目标视觉化的操作方法

目标实体化

目标实体化，就是尽可能每天都看到自己期望实现的目标。举例来说，你是一名汽车销售员，同时也是一位名车爱好者，正巧你所在的4S店有很多豪车，每一天你都能看到实体目标，因此你有机会身临其境感受自己的目标，看到豪车，触摸豪车，甚至可以体验它们的操作性能。想象一下，在没人的时候，你坐在宾利车内的感觉，想象自己成功后的样子。这种感觉好极了，会加速你实现目标的速度，会为此更加卖力地销售汽车。

目标虚拟化

与目标实体化类似，如果你没有条件看到实物，也要确保每天能够见到虚拟的目标。例如，你可以将目标打印出来，贴在家里、公司中最显眼的位置，确保睁开眼就能看到它，有助于给你一天的工作注入活力。

目标虚拟化的方法有很多，除了将你的目标打印出来，还可以设置为电脑壁纸、屏保，手机的桌面，甚至做成个性化产品，印在杯子上，做成相框，T 恤衫等。总之，让你的目标出现在你经常使用的地方，确保每天都能反复看到它们。

想象目标已经存在并认真感受

只有通过“现在时”不断强化和输送想象画面，你的潜意识才能被激活。所以，你可以想象目标已经存在或已经实现，并且认真感受这种感觉，它们会带给你欣喜，带来很大的愉悦感，并更好地激发你内心的渴望。例如，你想要创业当老板，渴望富足的生活，你可以想象自己成功后的样子，在宽大的办公室内，坐在舒适的老板椅上处理工作；想象自己开着豪车带全家人出游的感觉，甚至想象在自己的豪华游艇上晒太阳……虽然跳出想象回到现实中之后，会有一定的失落感，但是你确实已经感受到目标的存在，并从中体会到你所期望的感觉，那么你就会为实现目标而付出更大的努力。

视觉化目标的最佳时间：晚上睡觉前与早晨醒来后

视觉化想象最好在睡前和醒后进行，因为在这两个时间段，你的潜意识最容易接受信息。每晚睡觉之前，看一眼自己的目标，想象你已经实现目标后的样子，带着美好的感觉进入梦乡。切记，在睡前最好不要想象目标实现前的样子，如果那时你的境遇很糟，或者正在奋斗的过程中，这样的画面只会降低你的睡眠质量；而每天清晨醒来之后，你需要想象为实现目标所必须付出的努力，以此激励自己，从而让一天的工作充满动力与激情。这时如果你想象成功后的感觉，则更像是在做白日梦，会大大降低工作效率。

专注于目的地，不为沿途错过的风景而惋惜

人生就如开车一样，当我们想要去一个地方，首先要清楚目的地在哪里，也就是人生目标是什么？想要在最短时间内到达目的地，实现人生目标，一定要集中精力，专注于最近的道路。在这个过程中，一定会遇到很多美丽的风景，如果你为沿途错过的风景而惋惜，势必会影响到达目的地的时间。

即便你开着 GPS 导航，也可能会走错路

开过车的朋友一定都有感触，当你要去一个陌生的地方，即便目的地明确，即便开着 GPS 导航，也可能会走错路。原因很多，比如 GPS 导航不够精准、被路边的风景吸引而走岔路等，但导致你走错路最关键的原因是不够专注。因为你没有专注于目的地，才会被各种因素干扰，从而降低效率。

人生就像开车，如果集中精力，专注于目的地，那么便会以最快的速度达到。然而，很多时候，我们都会不由自主地被街边的风景吸引，或停下来驻足欣赏，或跟随美景进入另一条道路，结果偏离了目的地，耽误了时间。

偏离目标是很可怕的，任何偏离目标的行为都将导致失败。如果你还在奋斗的路上，那么你不该为错过的风景而惋惜，风景再美也与你无关。你要做的是以最快的速度到达目的地，就像人生一样，当你成功之后再去欣赏风景也不迟，而且那时你的心情将会完全不同。

将全部精力聚焦于你的目标

我们在追逐目标的过程中，发现事情永远不会100%像我们预计的那样。然而，偏离目标是很正常的，只要及时调整，一样可以按照计划达成目标。就像飞机一样，大部分时间它都是偏离航道的，然而飞行员会随时调整航向，确保它能够安全抵达目的地。博恩·崔西说过："从中国到美国的航班，飞机在99%的时间都会偏离预定的航道，但这些飞机大都会准时到达，就是因为在飞行过程中能不断修正自己的错误，人生的旅程也是如此。"

设定目标很容易，若想在执行过程中始终保持航向，不偏离自己的目标却很难。这就要求我们及时调整航线，将全部精力聚焦于终点，也就是我们的目的地，这样才能确保在最短时间内到达目的地。

一项对科学天才成功素质进行的研究表明：专注和耐心在所有因素中占50%。专注与耐心，普通人也可以做到，所以说，我们只要将精力聚焦于目标，成功的可能性就会大增。

看过一则故事，讲的是在哈佛大学MBA课堂上，教授们给现场的学员出了一道题：谁能将两筐石料以最快的速度运上山？

为此，每人将得到100美元作为经费，而且最多只能找三个人帮忙。

有三个人参加了这次比赛，分别是甲，乙，丙。甲完成任务共用了

6个小时，他花钱雇人用了3个小时，这些人将石料运到山上又用了3个小时。

乙完成任务用了3个小时，他直接给劳务公司打电话，让他们派3个人过来搬运石料，结果他省去了找人的时间，只用了3个小时就完成了任务。

丙仅仅用了1个小时就完成了任务，他先打电话找到了这座山的管理处，然后询问管理员有没有缆车，在确认有缆车的情况下，然后自己坐着缆车将石料运到了山顶。

甲和乙对此很不满，他们认为丙这样做违规了，认为这个课题考验的是组织能力，而不是投机取巧，然而，教授们一致认为丙获得了最终的胜利。原因很简单，在任何公司里，老板只看结果。

过程固然重要，但在今时今日，人们往往更关注结果。所以，聚焦结果，才能以最快的速度实现目标。专注度已经成为很多心理学家研究的重点，因为如今的人们很难长时间专注于某一事物或目标，毕竟好玩的事那么多，很难不被分心。这就造成了人们无法在最短时间内达成目标，总会被各种事情所打扰、分心。

尼采说：“具有专注力的人可免于一切窘困！”而对于新鲜事物的欲望却阻止我们长时间专注于某一目标。随着微信的推出，很多人如果5分钟不刷一遍朋友圈就不习惯，这种状态如何专注于结果？因此，心理学家给出了一些实用方法，希望帮助大家提高专注度，更好地聚焦于结果。

成果激励法

成果激励法，就是反复预想目标实现后将会得到的奖励，以此激发内心的动能。假设你是 ××× 的手机销售人员，希望这个月能多卖些手机，这样可以得到更多奖金以入手一台梦寐以求的 PS4 游戏机，那么在明确目标的激励下，你会更加努力地工作。

不要总想着过程的艰辛

依然以销售人员举例，在公司中，老板只要结果，作为销售员，你的最终目标就是把公司的产品卖出去，给公司创造业绩。所以，不要讲你在达成目标过程中遇到的困难，例如你每天打了多少电话，拜访了多少客户，甚至每天半夜才回公司，你比公司中任何人都努力，但一个月下来却没有成交一个客户，你觉得老板会怎么看你？感谢你的辛苦付出？别傻了，你将成为末位淘汰的第一人。如果你不能给公司创造业绩，老板凭什么发你工资？所以，无论做什么事，不要只想着过程的艰辛，因为除了你自己，根本没人在乎。当你将精力更多地聚焦于艰辛的过程时，必定会受到负面影响，这时如果你的付出没有得到肯定，会很大程度上影响你的积极性。你要更多地关注结果，而忽略过程，不管它有多么艰辛。

每次只专注于一个目标

很多人虽然懂得聚焦结果的道理，但是他们经常将精力同时集中于几个不同的目标，到头来一个目标也没有完成好。人的精力是有限的，如果同时聚焦几个目标，势必会分散精力。假如你下个月想买一台 iPhone 6s ，又想买一个 Prada 的手包，还想去日本旅游，你同时想着三个目标，不仅分散精力，还会打消你的积极性，毕竟你的工资不足以实现所有目标，而当你想要同时拥有它们时，会发现根本无力实现，这样积极性便会受到影响。所以，建议每次只专注于一个目标，这样更能最大限度地激发动能，实现你的期望。

以终为始，让美好的未来在脑海中一遍遍预演

以终为始，意思是先将结果不断在脑海中预演，然后为此付诸行动。当一个人的脑海中形成了终极愿景，行动也就具有了很强的目的性，这样在实施的过程中就会有的放矢，极大地提高效率。

我们不是因为有了工作才去畅想美好的未来，而是因为对未来美好生活的期待才会努力工作，这就是“以终为始”的真正目的。为了实现目标，我们需要在脑海中一遍遍不断预演。

终点决定起点

在人们的观念中，认为起点决定终点，而“以终为始”则颠覆了很多人的观念。大多数的人是这样思考的：现在能做什么就做什么，现在想做什么就做什么，现在拥有什么条件就做什么事……这些人认为起点决定终点，他们不会想到这件事情与未来 5 年、10 年、20 年的关联。然而，少数成功者不这样想，他们相信以终为始的观点，思考未来要成为什么样的人，要成为这样的人要具备什么特质，要做哪些方面的努力和准备，要拥有什么样的条件，然后采取相应的行动，最后就会变成想要成为的人。

思考模式决定了一个人的高度，当大部分人相信“起点决定终点”的论断时，少数人已经成功运用“以终为始”法则获得了成功。

世界著名潜能激励大师安东尼·罗宾曾经告诉过比尔·盖茨一个公式——先成为再行动最后一定可以拥有，也就是“以终为始”，以终点决定起始点。

举例来说，你想成为公司销售冠军，先要想象自己的业绩在公司中无人能及，接下来你会想象自己是如何实现业绩的，以及完成业绩都需要做什么工作。这样，你就掌握了完成业绩所需要的方法，接下来你会开始行动，每天都按照想象中的方法努力工作，最终将你想象中的销售业绩变为现实。

这就是“以终为始”法则，终点决定起点。试想，如果你将自己想象为销售冠军，那么无论如何你不会成为公司业绩最差的人；如果你将自己想象为百万富翁，那么无论如何你也不可能沦为乞丐。当然，前提是你真正地按照预想中的方法努力了。

反过来想，如果你给自己设定的目标过低，那么你的起点就低。比如把自己想象为小商贩，无论如何也不可能成为商业巨贾的，因为你只会付出成为一个小商贩所需要做的努力；如果只想成为一家小酒店的老板，无论如何也不可能成为万豪国际酒店集团的掌门人的，因为你不会为了把小酒店发展为连锁酒店而操心……以终为始，先成为，再行动，最后才能拥有。

关于以终为始，最著名的案例莫过于阿诺德·施瓦辛格的故事，让我们看看这位“终结者”是如何成为美国加州州长的。

他是阿诺德·施瓦辛格，这位来自奥地利的“终结者”毫不隐晦地承认自己想成为美国总统，尽管根据美国宪法规定，只有在美国出生的公民才有资格参加总统竞选，但施瓦辛格认为这一点并非不可能改变，像他这样在美国生活了20多年的人应该获得竞选美国总统的权利。

施瓦辛格表示，一旦这一不合理的规定改变，他将立刻不遗余力地去争取成为第一个当选美国总统的移民，他说：“为什么不呢！我一贯的思维方式就是要爬上最高的山峰！”

当施瓦辛格还是一个穷小子的时候，就在日记里写下了自己的人生目标，那就是立志成为美国总统。这并不是一个小孩子的痴心妄想，为了实现这样宏伟的抱负，施瓦辛格拟定了一系列的具体目标。

成为美国总统首先要当选美国州长 ⇨⇨⇨ 要竞选州长必须得到财团的支持 ⇨⇨⇨ 想要快速获得财团支持最好娶一位豪门千金 ⇨⇨⇨ 想要与豪门千金结婚必须先成为名人 ⇨⇨⇨ 想要成名，最简单快捷的方法就是跻身好莱坞 ⇨⇨⇨ 想要进军好莱坞 ⇨⇨⇨ 需要一身强健的肌肉。

制定好具体目标之后，施瓦辛格开始一步步实施个人计划。他进行了自我分析，认为进军好莱坞最简单的方法是出演动作片，只要他可以拥有一个足够强健的身体，那么一定可以吸引导演们的注意。

施瓦辛格认为，成为全球“健美先生”一定可以提高知名度，给自己带来机会。于是，他开始练习健美，渴望成为世界上最强壮的男人。多年后，凭借越来越发达的肌肉，施瓦辛格几乎囊括了世界、欧洲、奥林匹克等重大赛事“健美先生”的称号。

22岁时，施瓦辛格完成了第一步计划，成功跻身美国好莱坞。在好莱坞，施瓦辛格用十年时间打造出银幕铁汉的形象，最终凭借在《终结者》系列影片中的出色发挥，被全世界影迷所接受。

当他成为好莱坞巨星之后，也顺利地实现了第二步计划，迎娶了肯尼迪总统的侄女玛丽娅·施瑞弗尔。

当施瓦辛格感觉自己力不从心时，决定暂时告别影坛，他开始实现自己的第三步计划。2003 年，年逾五十七岁的施瓦辛格息影从政，并成功竞选成为美国加州州长。

至此，施瓦辛格的终极人生目标只剩下最后一步，那就是成为美利坚合众国的总统。如果美国宪法真的可以改变，那么施瓦辛格一定会像他曾经说的那样“爬上最高的山峰”。

以终为始，提前预想你所能到达的高度，让终点决定起点，就有可能获得梦寐以求的成功。在身心语言程序学 (NLP) 中，不少理论也秉持“以终为始”的思考方法，所以特别强调“结果”(Outcomes)。

这也符合时代的需求，大家都很忙，很多人已经不再关注或者没有精力关注过程，结果才是最重要的。因此，心理学家运用“以终为始”的法则，充分调动人们对于可以预期结果的强烈渴望，推动人们展开行动，这种行动的模式，最终对于很多人起到了不错的效果。

预演美好未来的秘密

想要成为一名导演并不容易，然而生活中，每个人都能够成为自己人生的导演和演员，在这部人生大戏中，如何导演由你全权做主，而最后你会惊奇地发现，幻想中的剧情全部成了现实，这就是心想事成的秘密。

朗达·拜恩在畅销书《力量》中讲过一个心想事成的故事：一位女士被告知患有心脏病，但她坚持把自己想象为一个健康的人，拥有一颗健康强壮的心脏，结果四个月后复查时，奇迹出现了：真的如她想象中一样，她的心脏非常强壮且健康。

这不是杜撰而来的故事，在现实生活中这样的案例的确存在。据说，大部分癌症病人不是因为疾病本身而死，而是被恐惧情绪吓死的。很可惜他们不懂得心想事成的秘密，否则一定可以多活些时日甚至有可能奇迹般康复。

吸引力法则是有心理学依据的，实际上就是潜意识。人是受到潜意识操控的，比如莫名其妙就会情绪失控，而吸引力法则中“心想事成”的理论，实际上是将潜意识中良好的想法剥离出来，一遍又一遍催眠到潜意识深处，让潜意识完全接受，相当于积极的自我暗示，如“我能行”、“我是最好的”。吸引力法则只是将这些心理学原理强化并且细化了，讲出了它的具体功效。只不过有些人曲解了它的作用，认为什么事只要想一想就能实现，要是真有这么好，大家就不用上班了，一睁眼就开始幻想美事就够了。

下面提供一些很有用的方法予以参考。

罗森塔尔效应：你所期待的终将实现

这是美国著名心理学家罗森塔尔和雅各布森在小学教学上予以验证后得出的，指人们基于对某种情境的知觉而形成的期望或预言，会使该情境产生适应这一期望或预言的效应。简单地说，就是你期望什么，就会得到什么；你得到的并非想要的，而是你所期待的。

为什么我们总感到生活无奈，事与愿违，想要的目标似乎永远无法实现？其实，这与你心中的期待有关。如果你想要在年底升职加薪，而你每天想的却是阻碍你实现目标的那些事，比如复杂的人际关系、能力不够、业绩不理想……那么到头来，升职加薪的目标没有实现，反倒是每天都在想的事情成真了，如你的业绩变得很糟糕，人际关系出现恶化……相信当你了解了罗森塔尔效应之后，之前的烦恼就会消失不见。

想象未来成功富足的生活

别告诉我你想要的只是艰苦贫寒的人生，如果是这样，你也不会购买此书。大部分人都渴望过上舒适富足的生活，而“以终为始”法则可以帮你实现梦想。假设你是一个刚刚毕业的大学生，一无所有。你可以试着想象五年后拥有人生第一台车子的感受，想象十年后成为公司骨干时的样子，想象十五年后拿到自己公寓钥匙时的样子……当你对理想生活有所期待时，就会不自觉地向着目标努力，而奋斗的过程就是实现未来富足生活的保证。

按照未来成功后的自己安排工作与生活

想象自己成功后的样子，假设你是一名销售人员，在你的脑海中，十年之后将成为一名销售总监。那么，现在就要按照一名销售总监去要求自己，像销售总监那样说话办事，像销售总监一样去谈生意。再比如，你想象自己未来十年之后过上了贵族般的生活，那么你现在就该学习贵族的生活方式，比如练习高尔夫、去听音乐会、参加各种沙龙……在这个过程中，由于经济条件的限制，你很可能无法实现目标，那么就会激发你赚钱的欲望，从而实现富足的生活。当你有了钱之后，其他的也只是改变习惯的问题了。

第三章

抹掉过往一切失败的影像

杀死昨天失败的自己

你是不是对昨天的自己感到无比失望，那些痛苦的记忆总是在不经意间一遍遍地反复上演，你越想忘记却发现记忆越清晰？相信我，如果这样的情况不能得到改善将会严重影响你的生活质量。你要做的是杀死昨天失败的自己，利用潜意识将过往一切失败的影像抹掉。

痛苦的往事就像一道解不开的魔咒

2009 年 11 月 10 日，效力于德国汉诺威 96 足球俱乐部的门将恩克自杀身亡，他在汉诺威北部的一段铁路旁卧轨自杀。

据两位火车司机回忆，当时看见一个人在铁轨上，虽然采取了紧急制动措施，但是一切都太晚了。恩克自杀的地点与两年前因患心脏病不幸夭折的女儿拉拉的墓地仅有 200 米之遥……人们纷纷猜测恩克自杀的原因，直到他的妻子特瑞萨在新闻发布会上披露了恩克卧轨自杀的真正原因。

原来，多年以来，恩克都饱受严重抑郁症的困扰。2006 年，两岁的爱女不幸夭折，再加上事业的不顺，让恩克的生活变得一团糟。

令人唏嘘不已的是，恩克选择在女儿的墓地旁结束痛苦的人生，他还是无法忘记过去，忘记伤痛。

显然，生活和事业方面的双重打击将这位汉子重重地击倒了，他再也没能爬起来。恩克在1999年加盟葡萄牙本菲卡俱乐部，获得了外界的一致赞许，并得到了包括曼联、巴塞罗那等大球会的注意。同年，他被德国国家队征召入队，担任替补门将。

2002年，恩克在外界期待的目光中加盟世界顶级豪门巴塞罗那俱乐部，然而他的表现却让人大跌眼镜，正是那时，恩克患上了抑郁症。

在巴塞罗那俱乐部仅效力了一年，毫无表现的恩克就被租借至土耳其强队费内巴切，然而在第一场比赛中便被对手连入三球，他甚至遭到本方球迷投掷杂物羞辱。仅仅两周之后，恩克便被退回巴塞罗那。

2004年1月，恩克再次被租借到西班牙小球会特内里费，同年，恩克重回家乡，加盟了德甲中下游俱乐部汉诺威96。

如此辗转与失败的职业生涯并没有击倒这名汉子，他在汉诺威重新找回了尊严，用自己的实力赢得了尊重。2007年，他再次被征召进入国家队。然而，这期间年仅两岁的爱女的夭折给恩克带来了毁灭性的打击，加重了他的抑郁症。

妻子特瑞萨曾竭尽全力地帮助丈夫，她说，“我尝试去帮助他，告诉他足球不是唯一，生活中有许多更美好的东西，他不想让人知道他有抑郁症，他非常害怕失去亲生女儿后，再失去我们的养女雷拉，罗伯特对雷拉充满了无私的爱，直到他逝世。”

恩克和妻子在爱女去世后，领养了一个女婴，本以为可以缓解丧子之痛，但恩克却整天提心吊胆，担心自己的抑郁症被外界发现，失去养女的抚养权，这也让他背上了沉重的心理负担。

之后不久，恩克被查出患有肠胃疾病，不得不休战9周，缺席了德国国家队的4场比赛。对于将足球视为生命的恩克来说，这是一件令人失望之极的事，因为只有足球能够让他找到活下去的信心。

终于，在重压之下，恩克再也承受不住了，他选择结束自己的一生。恩克在遗书中，对自己的家人表示了歉意。

对于往事的回忆，能够给人带来快乐或是痛苦，如果正电性的形象信息进入意识中，则会带来快乐；反之，负电形象信息进入意识则会带来痛苦。之所以痛苦往事经常驱之不散，主要是因为人们在回忆往事时经常触发到相关信息，所以激起情绪波动，导致痛苦的产生。

哥伦比亚大学心理学教授Walter Mischel通过实验发现，失恋时和朋友倾诉只会重新回忆起往事，甚至想起细节，加深痛苦，而失恋时产生的心理痛感和外伤产生的生理痛感都来自大脑的同一个区域。所以，Walter mischel教授开玩笑地说，“吃两片止痛片的效果都好过拉着朋友吐苦水。”

所以，痛苦的往事过去了就让它过去吧，不要过多回忆当时的情景，还是多想想快乐的往事，这样才会少些痛苦。

对往事的耿耿于怀是一种心病，除了自己，没有人帮得了你。你需要利用潜意识的力量破解魔咒，它不仅可以助你得到想要的，也能帮你远离不想要的。

利用潜意识消除失败的记忆

根据吸引力法则的解释，如果你每天都想着积极的事情，就会有好的事情发生；如果你每天都想着消极的事情，就会有坏的事情出现。

心理学家也是这样建议的，如果你的潜意识中总想着失败、痛苦，那么“整个人都不好了”。所以，我们都要想着积极的事情，而尽可能将失败的记忆消除。

棒球手在击球时都会有一种感觉，球在他们眼中看起来变大了，所以比较好击中。然而，如果挥棒落空时，他们则会感到球变小了。

随着越来越多的棒球手出现这种说法，引起了心理学家的浓厚兴趣，他们想要通过实验印证这一点，然而大联盟裁判不愿暂停球赛，让球员填写心理问卷。所以，心理学家决定以普通人和足球来测试上述现象。

心理学家找来了受试者，让他们从十码线处射门，每个人可踢十次。在踢球前，所有受试者都以类似的方式来估算球门的宽度和高度。

结果出来了，只踢进不到两次及任务失败的人，估算的球门窄了10%；任务成功的人，估算的球门宽了10%。

由此推断，棒球选手的说法确有其事。失败可能让我们觉得目标更难达成，比之前的难度更大。

失败会导致人们的自信心受挫，失败的次数越多，在潜意识中就会越发否定自己的能力。“我真笨”、“这点事都做不好”、“我不行，做不来”、“我是一个失败者”、“我是一无是处的人”……

当一个人发出这样的感慨之后，说明他已经陷入自暴自弃的状态，这是由失败引发的消极影响。在潜意识中，他已经认定自己是一个loser（失败者），这是非常要命的状态，会让人生进入一段低谷期。这种附带伤害远比失败本身更加严重。

如果不是那种内心极其强大的人，失败对每个人的打击都是巨大的，甚至带有摧毁性的。失败会削弱我们的自信、目标，让我们放弃希望，不再努力。一次次失败，让我们愈发轻视自己的特质和能力，动力就愈加微弱，因为很少有人会为无法达成的目标而努力。

渐渐地，我们就会陷入失败的恶性循环之中，从而徘徊在失败与痛苦之间。相信我，这绝不是你想经历的过程，很多陷入人生低谷甚至绝境的人，最终只有少数强大者才能走出来，而绝大部分人都会沦为平庸之辈。所以，你要进入回忆模式，利用潜意识，将那些你不需要的失败记忆彻底消除。杀死过往失败的自我，才能重新找回信心与希望。

步骤一：选择性记忆——不去回想痛苦、失败的往事

运用选择性记忆的方法，剔除回忆中失败的部分，只保留美好的记忆。这种方法看似容易，实际运用却很难。我虽然很早就开始学习并运用它，但是直到今天还很难掌控自如。我发现，在一些记忆不强烈、感触不深的事件上，我可以更好地操作。比如，我试着不去回想那段失业的窘迫日子，而只记得找到理想工作后的那段时间，通过一段时间的练习能够实现。然而，对于带给我强烈感受的记忆，尤其是痛苦、失败的记忆却很多年都无法忘记。我认为很可能与个人性格有关。所以我建议大家经常练习，不要指望一朝一夕学会这种方法。

步骤二：从潜意识中抹掉曾经失败的自己

人生之初，我们不可能什么都懂，势必会走很多弯路，经历过失败与痛苦，对于某些人来说，这段经历能够成为财富，而对于另外一些内心脆弱的人，很可能成为一辈子的耻辱。

从潜意识中抹掉失败的自我心像，但不能硬来，强行删除记忆的效果

并不好，不久之后痛苦可能会加倍涌现。你需要将过去成功的自己与失败的自己对比，详细列出你的成绩与败笔，并用成功经历弱化失败经历对你的影响，直至完全消除。切记，不要用弱项与强项对比，否则只会让你更加失望。

步骤三：扼住失败的源头，彻底击碎痛苦影像

前两个步骤更像是刻意回避问题，而第三个步骤则是直接解决问题。需要注意的是，直面失败的自己需要很大的勇气，在进行这一步骤之前，要准确评估自己，如果你的内心不够强大，最好还是选择前两种方法。

扼住失败的源头，就是找到曾经使你痛苦的根源，比如你在情感经历方面屡受创伤，你要直面一段段痛苦的情感经历，分析每一次伤痛的原因。从你的第一个恋人开始，这也是很多人最难以忘记，也是最痛苦的感情经历。思考你们分手的原因，包括是谁先提出的分手？是迫于无奈还是情缘已尽？……思考分手后谁的境况糟糕，包括谁受到这段恋情的影响更大，谁是背叛者……

分析每一段让你不堪回首的往事，找出你的痛点所在，然后对症下药，彻底解决问题。当你获得超越之后，那些失败的往事就不能再影响你，从而彻底击碎痛苦的影像。

你的糟糕经历都是由你一手造成的

在所有失败者身上，似乎都有一个特点，那就是习惯怨天尤人，他们将失败归咎于他人，归咎于外部环境，他们会为失败找到各种各样的借口……然而这并不能改变现状，反而会使情况变得更糟。

在我看来，一个人过往的糟糕经历都是自己一手造成的，也许你无法阻止厄运的发生，却能通过心想事成的力量赢得全新的生活。

我们都是自身经历的囚徒

我们都是自身经历的囚徒，不管有意识还是无意识。每个人都不可避免地被过去的思维、环境、习惯所囚禁，很难在短时间内冲出牢笼。相对于监狱来说，思想的牢笼更为可怕，一旦深陷其中，势必会给自己的人生蒙上一层阴影。

学生时代，曾经遭受过一次严重的打击，从此改变了我的人生，并且在今后的很多年都笼罩在失败的阴影当中。具体经历依然不愿提起，只分析其对我内心造成的影响。我从不否认当年内心的脆弱，这也是我学习积极心理学的一个重要原因，我希望通过积极的自我疗愈，重新回到人生巅峰，重新找回快乐的生活。

当年，在遭受打击之后，一两个月的时间都无法缓过神来，每天活在惊恐之中，害怕厄运再次找上我。上课走神，生活烦乱，每天都在逃避，却又不知道逃避什么。有时候甚至害怕与人交往，将自己封闭在极为狭窄的圈子里。在夜里，甚至会莫名其妙地惊醒，蜷缩在角落，抱头痛哭。那段日子，时间仿佛停滞一般，每天都过得很漫长，总希望快点天黑，好让我在昏昏沉沉中睡去，这样才能忘掉痛苦。

喜欢的人和喜欢的事都不再吸引我，就像变了一个人似的，不再多说一句话，家人很着急，却不知道如何是好。我也不止一次地意识到，继续沉沦下去的危害，却根本无力改变颓废的状态。

时间真的是一剂良药，它将我慢慢带回正常的生活之中，可是过了很多年，我依然会不时想起过往痛苦的经历，一幕幕总是在我沮丧的时候出现。只要闲下来，它们就会浮现在脑海，挥之不去，我只能通过让自己更加忙碌而暂时逃避痛苦。

这次打击对我的生活造成的影响是巨大而长远的，甚至在某种程度上改变了我的性格。在人际交往方面，我遇到了很大困难，自闭、寡言，没有勇气面对生活。

我们都是自身经历的囚徒，我们深陷其中，我们无法自拔。时间会让人们渐渐恢复，但是如果不能从内心彻底消除阴影，那么再次遇到同样的境况，很容易陷入相同的困境。只有走出内心的牢房，才能重见天日，过上正常的生活。

既然没有一帆风顺的人生，也就意味着很多人都可能像我一样，遭遇过人生低谷，如果不懂自疗，任凭心理阴影侵蚀自己，很可能长时间缓不过来甚至影响未来的生活。实际上，很多人都遭遇过不好的事，但并不意味着接下来的人生都要为此埋单，不要背负过往的痛苦走下去，你值得拥有更好的人生。所以，乐观点，多想点开心的事。

找到打开内心牢房的钥匙

生活中，被关在牢狱中的犯人还有偶尔越狱的，但如果不幸被关入内心的牢房，除了自己，谁也救不了你。成为内心的囚徒，再好的心理治疗师也帮不了你。一旦将自己关入内心的牢房，就等于判了“无期徒刑”。唯有积极面对过往的痛苦，才能找到打开内心牢房的钥匙，才能给自己的人生赢得“减刑”，并最终逃出这座囚牢。

我曾经历过一段痛苦的过程，所以总结出了一些实用的方法，现与大家分享，希望能够帮助与我有同样经历的人，尽快找到打开内心牢房的钥匙。

自己建的囚室自己拆

这是一种简单粗暴的方式，适用于性格外向、内心坚强的人。每个人都可能走入内心的囚室，即便那些性格坚强的人。对于这类人来说，不用费时费力地寻找“钥匙”，因为过硬的心理承受能力，完全可以将内心的囚室直接拆除，不用担心留下心理阴影。

强子是高中时的同学，很淘气，经常跟校外的混混在一起，但他人不坏，很仗义，非常照顾班里的同学。大家一起说笑打闹，很有意思。

我记得，下半学期刚开学不久，强子几天没来上学，班主任告诉大家，因为抢劫，强子被公安局抓了。一个十六七岁的孩子进了监狱，对于内心造成的打击可想而知。

再见强子已经是高三了，我惊奇地发现他并没有多大改变，不像有些犯人出狱后性格变得沉默寡言，他还是那样乐观健谈，风趣幽默。现在想想，在一年多的时间内，强子就能恢复过来，完全在于强大的内心与开朗乐观的性格。

强子走出了双重囚室，他没有苦苦寻找打开囚室的钥匙，而是直接拆除了囚室，简单粗暴，却十分有效。需要注意的是，这样的方法并不适合所有人，如果你没有强大的内心，最好是耐住性子寻找钥匙。

回忆过往糟糕的经历，对症下药，一步步寻找钥匙

想要找到打开心牢的钥匙，就要从痛处下手，一步步来。这种循序渐进的方法适合大多数人，可以有效避免二次伤害。回忆以往伤痛的经历，从那些伤害程度较低的事件入手，找到痛苦的根源。

例如，我经历过一次比较重大的打击及其他一些失败的经历，我会先从伤害程度较轻的事件入手，比如失业在家，情绪低落的那段日子。分析之后，造成自己持续痛苦、自暴自弃的直接原因就是失业在家的时间过长，情绪出现异常，继而引发我不断回忆曾经最痛苦的时刻，再次陷入内心的囚室。

我认为，只要能够找到一份新的工作，就等于找到了打开心牢的钥匙，所以我开始有目的地解决问题。果然，随着新工作的出现，我的情绪开始好转，找到了第一把钥匙。之后，我继续寻找其他钥匙，找到使我痛苦的根源，对症下药，打开了一道又一道心牢的大门。

失败模式之自我毁灭程序

很多人都会在不经意间陷入失败模式，因为毫无意识，所以越陷越深。人生、事业、家庭等都会面临毁灭性打击，但这个过程是缓慢的，不易察觉。直到有一天，发现生活模式出现了问题，发现工作模式也存在问题，这时候再去改变已经来不及了，如果想要挽救自己的人生，你要做的是开启失败模式之自我毁灭程序。

失败模式

什么是失败模式？简单说，就是一个人处于低潮期，这段时间诸事不顺，干什么都失败。人们经常会在无意识的状态下进入失败模式，直到发现时已经晚了，很难从中解脱出来。失败模式就像一个固定程序，一旦进入，你的思维、习惯、言谈举止等都会复制人生最糟糕时期的自己，陷入失败的泥潭。

失败模式主要分为生活的失败、事业的失败以及心理的失败。下面分别以这三个方面举例分析。

① 生活失败模式

生活中，你会不自觉地进入到以往最糟糕的一段时期，你的思想、行为、意识等都回到了那段低潮期，重复着当时经历过的痛苦、烦恼。

情形一：

以情感生活为例，当遇到心仪之人后，人们会选择表白，然而一旦遭遇拒绝就会陷入畏难情绪之中，以至于有些人在一两次失败之后形成了胆怯心理，当再次遇到心仪之人后不再敢袒露心迹，而是选择隐藏真实的情感，因为他们害怕再被拒绝。

心理分析：

在生活中，这样的例子很常见，一些性格内向，自我封闭的人，在经历过一两次失败之后就会形成胆怯心理，当他们再次遇到同样境况时，则会自动进入失败模式。没有尝试，就会主动放弃。还有一部分人，即便努力做出尝试，也会根据事态的发展进入失败的循环模式，因为之前有过失败经历，所以一切行为都会不由自主导向之前的行为模式，其结果是再次遭遇失败。

② 事业失败模式

工作中，你会在无意识情况下进入一段糟糕的时期，你的工作专注度下降，频繁出错，业绩大幅下降，甚至面临着被开除的风险。

情形二：

很多刚毕业的新人经常会遇到这样的情况，随着找工作屡次受挫，无能、羞耻、郁闷、委屈、沮丧……各种消极情绪逐级累积，导致每一次面试的时候状态都不好，信心受挫，所以很长时间找不到称心的工作，继而认为自己真的无能，或者认为无法胜任自己喜欢的工作。

心理分析：

当第二次、第三次失业之后，就自动进入了事业失败模式，习惯性地接受了失业的结果，不再有第一次失业后的消极感受，也不再努力争取。结果，事业越来越糟，并且怀疑自己的能力，甚至认为自己一无是处。

③ 心理失败模式

一生中，总会经历一段最低落的时期，这期间内心饱受痛苦的煎熬，心情极度沮丧，这段心理低潮期对人生的影响是巨大的，而有些人如果没能很好地调整，在未来某一时段遭受打击后，就会不自觉地进入这种心理失败模式。

情形三：

在竞技比赛中，当双方实力差距悬殊，一方认为无论怎样努力也不足以与对方抗衡之后，在心理上就会认输，结果往往输得一败涂地，即便彼此之间的差距并没有想象中那么大。

心理分析：

任何失败都首先起源于内心，内心屈服了，一切抗争都没有意义。心理上的失败最为可怕，一旦进入心理失败模式，整个人生都会陷入低谷。当我们的内心放弃努力之后，无论如何也不可能取得胜利。

启动失败模式自毁程序

“

失败意味着剥光所有无关紧要的东西。我失败后，不再假装我是某种其实我不是的人，而开始将我的精力投入我真正在乎的工作。人生的谷底，变成我重建人生的坚实基石。所以不要畏惧失败；只要活着就必然要面对失败，除非你小心翼翼到仿佛一生都没有活过。如果这样，你的失败将来自于放弃生活。

——JK·罗琳

”

生活失败？何不重新开始

当你意识到生活进入到失败模式之后，与其自我调整，一步步走出低谷，不如彻底与目前的生活说再见，这样带给你的痛苦反而会更小。例如，面对一段让你身心俱疲的感情，两个曾经相爱的人，一个人已经变心，另一个人却苦苦留恋不肯放手。大家都很清楚，这段感情不会有结果，继续下去没有一点意思，只会给双方带来痛苦。这时，最好的方法就是其中一方开启自毁程序，了结这段感情。长痛不如短痛，将来的某一天，双方一定会感激当初的选择。

事业失败？跳槽、改行重头来

当你的事业不顺，进入失败模式之后，与其在公司混日子，不如换一家新公司发展。或者你对目前的行业感到绝望，看不到前途，那就改行，从头再来。如果你不肯放弃既得利益，在目前的行业或公司垂死挣扎，很可能耽误了更好的前程。

心理失败？与昨天失败的自己彻底决裂

心理失败是最难治愈的，妄想通过自毁程序重新再来也不现实。没有几个人可以一夜之间变成另一个人，最好的办法是告别昨天失败的自己。不管你的内心曾经多么胆怯、懦弱、惶恐、自私、空虚、悲伤……总之，你要将内心消极的因素全部抹杀，重新开始。

失败心理学

无论在工作还是生活中，我们都没必要过度关注失败，因为成功者总是少数的，而且是相对的；而失败者永远是多数的，并且是绝对的。也就是说，无论我们多么努力，都不可避免地遭受失败，所以过度关注失败的行为显然是愚蠢的。

美国斯坦福大学的心理学家研究证实，大脑中的某一图像如同实际情况那样刺激人的神经系统。如果人们在做某事之前总是想象自己做不好，那么失败场景就会反射到大脑中，并指挥他的行动。例如，瓦伦达在走钢索时总是想着不能失败，不能掉下去，那么他的大脑中就会想到失败后的场景，甚至是跌落之后惨死的场景，因此这个失败时刻的影像指挥了他的行动，最终导致悲剧的发生。

美国康奈尔大学也做过一次很有名的关于奥运会的研究，研究人员发现铜牌得主要比银牌获得者更开心，理由是获得铜牌的人会想“我总算得了一块奖牌”，而获得银牌的人则想“我差一点儿就可以得金牌了”。

在心理学上这叫作“假设思维”，指的是人们假设“如果某件事发生了（或者某件事没有发生），结果就不一样了”的思维过程。比如一场胶着的篮球比赛，失利的一方仅以 2 分落败，最后一刻投出关键球的选手，赛后一定会反复想，“如果那个三分球进了就赢了”。

为此，很多运动员患上了“赛后抑郁症”。他们因为比赛失利而背上了沉重的包袱，甚至因为挫折感失去信心。在 NBA，最后一投都来自于球队内最大牌的球星，投进去了就是英雄，投不进去很可能备受指责。如果没有一颗强大的心脏，是无法成为真正的球队领袖的。

因此，在行动的过程中，绝对不能想着失败的后果，那样只会让你的大脑反复想着失败的场景，为你的成功增添障碍。将焦点聚焦于积极的方面，一旦陷入失败模式，立即开启自毁程序，让自己果断跳出恶性循环，重新开始，这也是最高效的解决方式。

你听说过“命运驱动力”吗？

驱动力是心理动力学中的一个专业名词，心理动力学认为人的行为是从继承而来的本能和生物驱动需求中产生的，而且为解决个人需要和社会要求之间的冲突、获取最佳生存状态、达到生理唤起和心理满足的行为提供的力量。而命运驱动力，简单来说，就是为了赢得理想生活、改变命运而激发出的内心潜力。

如果，你已经受够了当下的生活

对于当下生活的不满最能激发人们改变的欲望，如果生命中最期望发生的事情都不能如愿，你就会产生一种改变命运的强烈渴望，这种力量被称为“命运驱动力”。

恐惧与欲望是驱动我们前进的基本动力，有些人受到财富、地位的欲望驱使，有些人则被失败的恐惧所驱动。在这种动力之下，我们寻求改变，追求更卓越的自己。

渴望改变命运、改变现状的能量是巨大的，当人们不能再忍受苦日子，就会产生改变现状的强烈欲望。贫穷是改变现状、改变命运的最大动力。

一旦具备充分的动机和足够的理由，就会激发每个人对于成功的渴望，激发每个人改变的决心。其实，动机与理由并不用太多，一个“穷”字足够了，它就是点燃心中成功渴望的“内燃机”。

当年，安东尼·罗宾只是一个来自加利福尼亚的穷小子，26岁时还住在一个10平方米的单身公寓里，甚至连洗碗都要在浴缸里洗。他的家境一般，由于个子长得很快，家里没有闲钱给他买新衣服，所以他总穿着以前的衣服，甚至明显短出一截。他曾因为穿着“七分裤”而遭到同学们的嘲笑，那种穿不起裤子的尴尬可想而知。

有一次，小罗宾不堪忍受同学们的嘲讽，他跑去责问妈妈：“为什么我要穿‘七分裤’？为什么我要有四个爸爸？（他的妈妈先后改嫁四次）为什么我的生活不能像其他孩子一样……”

没想到，责问招来了妈妈的大爆发：“如果你不满意这个家，那么你就从这个家滚出去吧！”

17岁那年，高中还未毕业的安东尼·罗宾再也不愿忍受糟糕的境况了，他离开了家。为了生计，他摆地摊，当过餐厅服务员，做过推销……最后在一家银行做保洁员。

那么他睡在哪里呢？他用全部积蓄买了一辆900美元的二手车，每天都睡在里面。

安东尼·罗宾真的受够了，他发誓要改变现状。后来，有个人建议他去听吉米·罗恩的演讲，说一定可以带给他改变。不过，那时安东尼·罗宾没有那么多钱，根本听不起讲座，那人问他：你是真的想改变吗？你是一定要改变吗？

于是，安东尼·罗宾开始去银行借钱，一家一家找，一次次被拒绝，因为他没有房子，没有汽车，无法做抵押，他甚至给银行工作人员下跪，然而根本无济于事。

不过，安东尼·罗宾抱着一定要成功的决心，终于在被 40 多家银行拒绝之后，被他洗过厕所的那家银行的行长看到了，他被眼前这个年轻人所释放出的强烈能量所吸引，于是自掏腰包借给他 1 200 美金。

如今，安东尼·罗宾已经是世界著名的潜能激励大师，而成功学创始人吉米·罗恩则是他的老师。

安东尼·罗宾从一个穷小子，变为如今的亿万富翁，他成功了，他成为世界数一数二的潜能开发专家，他帮助过国家元首、企业总裁，辅导过多位皇室成员，甚至被美国前总统克林顿，英国戴安娜王妃聘为个人顾问；众多世界名人都是他的客户，在他的激励下度过各种困境，包括南非总统曼拉、前苏联总统戈尔巴乔夫、世界网球冠军安德烈·阿加西等。

他是怎样做到这一切的？最直接的原因就是他不能再忍受当下的生活，拥有了改变命运的强烈渴望。

亲爱的朋友们，你们受够了吗？如果你们还能忍受现状，那么就没有改变的决心与渴望，也不会释放出足够的能量，那么生活还会维持现状，没有继续前进的动力，停滞不前，就是一种倒退。

压力带来改变

欲望可以是魔鬼，让人们跌入深渊；欲望也可以是天使，带领人们找寻幸福。欲望是一种神奇而强大的力量。威廉·詹姆斯是 20 世纪著名的心理学家，他在《心理学原理》中讲过这样一个故事：有一个酒鬼，人们为了让他戒酒，把他关进了一家公立救济院，但他对酒的渴望非常强烈，以至于使尽各种方法就为了能喝上一杯，所以各种戒酒方法最终都失败了。

这个酒鬼也是一个意志坚定的人，只是没有用在戒酒上。他来到一家木材公司，找来了一把斧子，一刀砍向自己的手臂，顿时鲜血直流，他举起流着血的残肢跑进木材公司大叫道："给我一些朗姆酒！给我一些朗姆酒！我的手掉了！"在混乱之中，他如愿拿到了朗姆酒，并把身体流着血的部分投入了酒中，然后把碗送到嘴边，自在地喝了起来，得意地呼喊道："现在我很满意。"这则故事的真实性不得而知，但足以看出欲望的力量。

对于现状不满，意味着生活中充斥着巨大的压力，重压之下，人们渴望改变的动力就会更加强烈。一位心理学硕士说过："我们中大部分人都体会过压力，它使我们更加渴望体验奖励，如吃一块巧克力。并且，它会使我们投入可观的精力去获得我们渴望的东西，大半夜跑到百货商场。但当压力提高我们沉溺奖励的渴望时，它却不一定会增加我们享受的愉悦程度。"

美国心理学协会（APA）的研究也证实了这一点，承受压力也许会使得你更想去满足对于饮料或者甜点的渴望，但并不会感到更加愉悦的体验。

可见，在压力之下，我们会努力做出改变，更加渴望奖励，但并不意味着很享受这种过程。比如成功，当下的有些国人，拼了命在追求成功，渴望名誉，渴望金钱，想要更大的房子，更好的车子。为了这一切，不得不拼命做出改变，努力赢得更好的生活。这个过程并没有那么快乐，即便在成功之后，那些有钱人的日子也并非想象中那般逍遥自在。但不管怎样，压力带来改变是肯定的，如果你对现状不满，就不要害怕承受压力，你会吃些苦，但也会因此得到想要的生活。

开启命运驱动力模式

感受当下糟糕的生活

如果你的处境糟糕，就会激发强烈的改变欲望，这是一个信号，说明对现状不满，你需要做的是抓住这次机会做出改变。为了激发出更强烈的改变欲望，你尽量回想目前生活中不如意的地方，如你对工资待遇不满，对居住条件不满，对人际关系不满等，无法忍受的事情越多，改变的欲望也就越强烈。

当年，最令我难以忍受的就是对从事的工作毫无兴趣，看不到前途。既然赚不到太多钱，何不做喜欢的事，所以我选择成为一名自由自在的导游，毕竟世界那么大，想去转转。

感受未来美好的生活

对于美好生活的憧憬也是开启命运驱动力模式的方法，在头脑中反复想象未来美好的生活，你将成为怎样的人，拥有怎样的人生。感受未来美好生活带给你的满足感，能够很大程度上激发你改变现状的意愿，从而唤起你的能量。

例如，你家的居住条件很差，几口人挤在一居室内，你非常想拥有独立的空间，想有一间自己的房子。为了这个目标，你会更努力奋斗，拼命赚钱去买一套自己的房子。

强烈的企图心以及对成功的渴望

强烈的企图心也就是人们常说的野心，拥有野心的人会释放出强烈的能量，这些人身上有一股能量，不达目的誓不罢休。

身边有很多这样的人，他们对成功有一种强烈的渴望，为此不断努力，不怕背负压力。结果呢？一个个都做得不错，小有成绩。

瞬间转变：开启“一切皆有可能”模式

“

小女孩玛蒂尔德又一次挨了揍，父母打得她鼻血直流。莱昂从外面回来，经过她身边，递给她一块手帕。

Mathilda：Is life always this hard，or is it just when yo’，re a kid？

玛蒂尔德：人生总是这么痛苦的吗？还是只有童年痛苦？

L é on： Always like this。

莱昂：总是这么痛苦。

——《这个杀手不太冷》

”

“一切皆有可能”模式是一种自我激励的方式，通过潜意识抹掉过往失败的影像，并以成功的影像取而代之。这种方式可以起到瞬间转变的神奇效果，在短时间内消除失败影像带给你的影响。

痛苦能量的自我转换

痛苦真的是一种诅咒吗？为什么我们感觉永远无法摆脱痛苦？一万次悲伤之后真的可以遇见幸福吗……

痛苦与孤独一样，都是人生的必修课，诅咒痛苦毫无意义，只有接受它，转变它，才能重新遇见幸福。

痛苦是一种消极的能量，它会严重影响生活质量，影响人们的身体健康。同时，痛苦也是改变当下消极行为的最强大动能之一，很多人突然之间改变不良行为、生活方式、生活环境，是因为他们无法忍受生活所带来的痛苦。不少成功者并非一开始就具有强烈的野心，而正是因为无法忍受当年的生活境遇，在不得已的情况下做出改变，最终赢得了想要的生活。然而，大部分人在遇到痛苦时，本能的反应都是逃避，就像一个生病的人，都希望能够尽快从病痛中解脱出来。

例如，但却无法真正解决问题，只有少数人能够将痛苦转化为动能，因此，这些人取得的成绩也更大。

举一个很知名的例子，澳大利亚著名演讲家尼克·武伊契奇，他用自己的人生故事告诉世人，即便不曾得到上帝的眷顾，也能活得很好，他通过一种自我救赎的方式，将痛苦转化为动能，为自己赢得了全新的人生。

尼克 1982 年 12 月 4 日出生于澳大利亚墨尔本，一生下来就没有双臂和双腿，这是一种罕见的疾病，在医学上被称为“海豹肢症”。看到儿子的样子，父亲被吓了一大跳，甚至忍不住跑到医院产房外呕吐；他的母亲也无法接受这一残酷的事实，直到 4 个月大时才敢抱他。

尼克曾经一度想到过自杀，他甚至不敢看自己，他被别人当做怪胎一样嘲笑、羞辱。8 岁时，他向妈妈歇斯底里地怒吼道：“我想去死！”10 岁时，他曾试图将自己溺死在浴缸里，但没有成功。

痛苦的能量终于在尼克 13 岁时开始转化，他被一篇讲述残疾人自强不息的文章感动了，从此激发了生命斗志，将所有痛苦成功转化为成功的动能。

尼克想要把自己的故事讲给全世界所有人听，他要用自己的事迹鼓舞那些处于痛苦之中，想要放弃的人们，终于在19岁时，在被拒绝52次之后，获得了一个5分钟的演讲机会和50美元的薪水。从此，他的演讲生涯拉开了序幕。

“我找到了我存在的目的……”

如今，尼克已经在全球34个国家发表过超过1500场演讲，每年要接到超过3万个来自世界各地的邀请。

尼克成功了，他用行动证明了自己存在的意义，他将痛苦成功地转化为了动能。

这就是将痛苦转换为能量的方式，但绝非一般人能够做到。首先必须拥有极其强大的个人意志，此外还需要掌握一定的方法。

了解和运用痛苦的力量将让你学会创造持久的变化和进步。如果你不明白这种力量，你的生活就会像动物或机器一样，靠本能反应。那么，为什么有些人体验过失败的痛苦，但仍然没有改变？不是因为他们没有经历过足够的痛苦，就是因为他们不懂得痛苦能量的自我转换。

驱使人们行为的是能量，是对痛苦和快乐的感觉，为了获得任何有价值的东西，你都必须克服一些短期的痛苦，以获得长期的快乐。

开启“一切皆有可能”模式

Impossible is nothing，这是阿迪达斯公司的广告语，意在告诉世人，没有不可能做不到的事。成功不是一件很容易的事，它真的很难，但绝非没有可能。如果你能够将痛苦成功转化为动能，那么说明你已经开启了个人成功模式。

永远别说“不可能”

很多人在困难面前，总习惯用“不可能”安慰自己，他们害怕承受任何痛苦，总期望生活在安逸之中。如果他们真能如愿以偿，那么人生注定是平庸的，因为任何伟大的成就都注定要经历痛苦。当你对生活有所期许时，就不要对自己说“不可能”，因为它会扼杀你的积极性，扼杀一切可能性。

痛苦能量的自我转换

当你的人生遭遇重大挫折时，就会产生痛苦的能量，这时你需要找出痛苦的根源以及彻底解决问题的方法。之后，给自己一个目标，一个希望，将所有痛苦转化到新的目标上。

比如，如果你失恋了，因为她找到了条件更优秀的男朋友，你为此感到痛苦愤懑。这时你要分析失恋的原因，你发现由于自身条件不够好导致了这份感情的结束，那么你需要着手解决问题，也就是提高自己。这时，你不妨以前女友的新男友作为目标，追上他、超越他。

当你有了目标之后，痛苦就成了动力，完成了痛苦能量的自我转换。

不断自我更新

开启“一切皆有可能”模式，你必须具备足够的实力，所以必须不断自我更新，不断充实自己。如果你不想收入下降、知识落后、思想陈旧，最终被淘汰，那么就要全面提高。只有当你拥有了足够实力之后，才能实现你的目标。

挑战个人极限

如果你只是去做一些力所能及的事，无法激发出全部能量，你需要挑战自己的极限，之后将每一次失败转化为动能，直至取得突破。

拼尽全力之前别说做不到

很多人因为目标难度太大，在没有做出尝试之前就认定了做不到，很容易形成失败的自我心像。你要相信自己，相信一切皆有可能，无论目标多么困难，多么难以完成，都要勇敢尝试。在没有做出努力之前，在没有拼尽全力之前，决不说“我做不到”，不给自己任何有可能失败的心理暗示。

世界从不亏欠每个努力追寻幸福的人

Pursuit of happiness

第四章 天堂还是地狱，你说了算

向左走人间天堂，向右走人间地狱

心态的好坏决定了一个人上天堂还是下地狱，它会在潜意识中影响着人们的行为，从而影响整个人生。有人会问，心态真的有如此神奇的力量吗？下面这个故事将会告诉你答案。

有一个关于死囚实验的传闻，至今真假难辨，说的是研究人员把一名死囚关在一间屋子里，蒙上死囚的眼睛，对他说："我们准备换一种方式让你死，我们将把你的血管割开，直到你的血流尽而死。"

然后研究人员用刀划破死囚的手臂，其实只是轻轻扎了一下，并没有出血。之后打开一个水龙头，让死囚听到滴水声，对死囚说："你的血正在一滴滴流尽。"

第二天早上，研究人员打开房门，发现死囚脸色惨白，断气了，看起来就像一副血滴尽的模样。

其实，他的血一滴也没有滴出来，他是被吓死的。

正所谓一念天堂，一念地狱，心态从某种程度上决定着你的人生，所以你一定要清楚心态的重要作用。

人人都会遭遇的心态失衡危机

生活中，心态失衡危机很常见，每个人都可能因为一些小事而导致心态出现问题。正是因为过于常见，人们才没有引起足够的重视。然而，很多时候，心态失衡所引发的后果却是极其严重的。

美国的华伦达家族是杂技表演世家，作为开山鼻祖的卡尔·华伦达以高空走钢丝而闻名于世。73岁那年来到波多黎各的圣胡安市，准备为自己的职业生涯，同时也为自己的人生留下一个具有历史意义的纪念。

卡尔决定在两座20层的大厦之间表演走钢丝，并且准备以此作为谢幕演出，告别职业生涯。对于卡尔来说，这次表演的意义重大，只能成功，不能失败。

表演开始后，卡尔深深地吸了一口气，谁都能看出他的紧张，他手中拿了一根近20kg的横竿，小心翼翼地迈出了第一步。表演当天，风速达到每小时30公里，这对于一名职业杂技演员来说并不算什么。然而，卡尔由于过度紧张，当一阵风吹来时，年老力衰的他有点站不稳。当他弯腰重新调整重心时，悲剧发生了：他没能控制好平衡，一头从20层高的楼顶摔了下来，当场殒命。

事后，他的妻子说，她有一种不祥的预感，因为此前卡尔在每次成功表演前，只想着走钢索的过程，心无旁骛，从不考虑结果。然而，这场演出之前，他却不停地对自己说：这次演出太重要了，只能成功，不能失败！

心理学家从这件事中得到启示，把专心于事情过程的本身而不在意事情的目的、结果或意义的心态，叫作“华伦达心态”。

这件事绝对能够说明心态失衡的危害，提醒人们不要忽视其重要性。

实际生活和工作中，因为心态失衡而导致的问题屡见不鲜，人们会莫名其妙发怒，脾气暴躁，影响与家人之间的关系；工作中频繁出现失误，无法集中精力……这些看似不重要的问题经常被忽视，很多人并没有意识到是心态出现了失衡现象，所以并不在意，以至于消极情绪逐渐积累起来，而当这种负能量最终爆发时，则会产生很可怕的后果。

心理能量自我转化

心态是一种心理能量，当这种能量负向增长时，就会导致消极的结果，最终造成心态失衡。我们需要做的是，当意识到心态出现问题后，尽快自我调整，将负向增长的心理能量转为正向增长。具体方法和注意事项如下。

心疗

心疗是一种通过自我调节改变心态的方式，当你意识到心态出现问题之后，首先要找到问题的根源，然后尽量往积极的方面想，试着安慰自己。

① 安慰剂效应。这也是心疗的重要方法之一，指的是病人在不知情的前提下服用没有任何效果的假药，却因为相信治疗效果而康复或好转。利用安慰剂效应进行心理自疗，相信事情会向好的方向发展，能够有效调节心态失衡的问题。

② 反安慰剂效应。这是与安慰剂效应完全相反的概念，病人不相信治疗效果，因此病情恶化。1998 年 11 月 12 日，美国田纳西州华伦郡的一所中学的 100 多名师生被送进了医院，他们认为自己中了毒，向医生描述

说浑身乏力、头晕、恶心、呕吐，甚至喘不过气来。其中 38 人病情严重，当晚不得不留院观察。与此同时，警方迅速将医院查封，并请来有关专家对医院的空气、水和物体表面进行了采样，但化验结果均为阴性，没有发现任何可疑物质。

这就是反安慰剂效应在起作用，所以在采用心疗自我转化的同时，一定要防止负面能量的出现。

正视负能量

很多人之所以出现心态失衡问题，是因为他们不敢正视问题，导致负能量积聚到一定程度后爆发。比如，导致你心态失衡的根源在于最近的感情生活不顺利，而你却不愿面对问题，因为害怕失去对方。当矛盾累积到一定程度之后，不可避免地爆发，已经没有挽回的余地。所以，当你的心态出现波动后，就要找到问题的根源，正视产生负能量的原因，努力解决问题而非逃避，在负能量积聚之前将它们成功转化。

幻想问题已经得到解决

幻想问题已经得到解决，并想着解决之后的愉悦感受，这样可以有效将负能量转为正能量。举例来说，你对现在的工作毫无兴趣，工作中缺少积极性，打不起精神，继而经常犯错，还会影响你与团队成员的关系。总之，目前的工作环境让你无法忍受，心烦意乱。然而，为了拿到年终奖你不得不熬到隔年再跳槽，所以你必须要再扛一段时间。这时，你可以幻想转过年来拿到年终奖后成功跳槽的场景，幻想在新公司不仅人际关系不错，而且工作顺心，重要的是找到了喜欢的工作，积极性大增。

当你这样想时，烦恼就会减少，有助于度过这段难熬的时期，内心中产生的负能量也会被成功转化。

逃离负面磁场的消极穹顶

“

吸引力法则不会去管你所感受的是好还是坏，也不会管你想不想要它，它只是回应你的思想。因此，如果你只是看着堆积如山的债务，对它感觉糟糕透顶，那你就是在对宇宙发出讯号说：“我真的感觉糟糕透了，因为有这么多的债务。”你这样想，只能是不断地向自己强调这种糟糕的状况。这种感觉充满了你生命中的每个层面，你得到的将会是越来越多烦恼的感觉。

——鲍勃·道尔

”

深陷负面磁场的人霉运连连

人一旦陷入负面磁场，情绪就会受到影响，而且会经常重复并不自觉地增强这种消极情绪。“强迫性重复”是精神分析理论中的专有名词，意思是说人们倾向于不由自主地重复一些早年的创伤性体验，比如童年遭受羞辱的孩子，成年之后他会在无意识中不断想象曾经被羞辱的场景，情绪就会一直处于低谷期。

如果你不小心陷入负面磁场，那么你会经常遇见倒霉的人、倒霉的事，继而影响你的心态，结果你的生活将会笼罩在消极情绪的穹顶之下。这样的人并不少见，很多人就此告别了幸福生活，长期徘徊在人生低谷，所以必须引起我们的重视。

很多时候，人们习惯于给积极情绪泼冷水，有意无意间维持并增强消极情绪，这是一种很奇怪的心理现象，尤其是性格悲观的人，总想着不好的事情。

人们习惯于放大痛苦情绪，因为它们是如此熟悉，旧有模式不断重现，增强着消极体验。还有一些人通过负面情绪达到自我满足的目的，比如孩子不想上学，装病吸引父母的关爱等。

不断重复曾经的痛苦情景，实际上也是内心处理痛苦的一个方式，不断重复的过程，就是一个不断试图改写的过程。通过回忆当初的创伤情景，在不断重复中消化那些恐惧悲伤，并在不断的重复中找回控制感的过程。

曾经的痛苦经历不会因为你不去想就消失无踪，它们会藏在潜意识的深处，虽然短时间内可能会将它们藏的很好，但是总会有一瞬间引出这些回忆，继而陷入负面情绪，那么回忆就会像火山岩浆一样喷发而出，而且破坏力巨大。之后，你便笼罩在负面磁场之中，消极的情绪让你无法以平和的心态面对日常生活和工作，你总是感觉诸事不顺，经常遇见倒霉的人、倒霉的事。总之，生活陷入一塌糊涂的境地。

我认识一个家伙，只要遇见他就会让我的心情瞬间变得糟糕无比。这个人其他方面没什么不好，就是思想消极，甚至有一点厌世。也许是他在自己营造的消极能量场中生活惯了，对于倒霉事已经习以为常，他不觉得自己是一个讨厌的人，也没有发现身边的人有意疏远他。可是，身边的人因为他所散发出的负能量而头痛不已，又不好意思直说，所以只能尽量回避。他到底有多大的破坏力呢？

首先，他是一个极其爱抱怨的人。几乎每次遇见他，都会听到抱怨，他会拉着你说个没完，抱怨生活，抱怨工作，抱怨人际关系……之后，你会很自然地进入他的负面磁场。

其次，他总是看到世界，看到社会消极的一面。例如，他总是关注那些消极的新闻，哪里又打仗了，哪里又地震了，死了多少人……导致他的观点也是消极的，认为社会不公，抱怨没有机会。总之，要是听他说上一个小时，那么你也会相信明天就是世界末日了。

还有，跟他在一起，总是会莫名其妙地遇见倒霉事，后来我发现，大部分都是他招惹来的。一次，他看见路人打架，跑过去看热闹，看看也就罢了，他还评论起来，结果打架的双方差点把我们揍了……

生活中，这样的人并不少见，他们就像是一个负面磁场，将那些消极的人和事都吸引过来，跟他们在一起只会霉运连连。所以，我们要躲开这些情绪消极的人，同时让自己的思维远离负面磁场的侵扰。

如何远离负面磁场，跳出消极穹顶

通过积极体验逐渐自我解救

大多数人都会不由自主地陷入消极情绪的负面磁场之中，要做出改变，你就要有足够的勇气面对当年的创伤情景。这是一次冒险，你可能变得更糟，也可能从此敢于正视创伤回忆。

你要做出改变，用积极的体验一点点消磨消极体验，当成功的经验越来越多，就会重新塑造积极的内在模式，建立正能量磁场，从而逐步从旧有痛苦模式中解放出来，完成对过去创伤的自我修复，从而找到更加积极的方式应对生活。

消极思想的自我转换

当你萌生消极想法时，实际上是一种自我认同，所以你必须学会自我转换的方法，才能远离负能量。例如：

“起晚了，今天上班一定不能迟到啊！”实际上，越是这样想，你迟到的几率越大，因为你心中已经肯定了迟到的想法。

你应该这样想：“没事，快走两步，说不定还会提前到呢！”

类似的转换方法：

“呀，新来的理发师啊！万一给我剪坏了怎么办啊！”在潜意识中，你已经对理发师的手艺产生怀疑，即便剪出来的发型不错，你也会认为剪得很失败。

你应该这样想：“来新人了，看看他能给我剪出什么新花样。”

“公司来了一位菜鸟，千万别跟我分到一组啊！”在没有见到新同事之前，你已经认定其能力不行了。

你应该这样想：“公司来新人了，希望是一位帅哥，一定会给办公室带来新的生气。”

情绪快速转移物之魔力水晶球

在古代，水晶球是人们用来占卜的工具，通过水晶球可以看到过去、现在和未来。在这里，你可以想象自己拥有一个魔力水晶球，当情绪不好时，利用它看到自己想要的景象，从而迅速化解消极情绪。

我们都有过这样的感受，情绪悲伤低落时，听一首歌或是看一场电影，就能将坏情绪转移，那么音乐和电影就是“快速转移物”。你可以想象自己拥有一个水晶球或者买一个实物水晶球，每当情绪出现问题时，就想象通过水晶球看到期待的景象，也就是“快速转移物”，从而达到平复情绪的作用。

运用“爱的法则”平复一切消极情绪

> “思想与爱的融合，形成了吸引力法则不可抗拒的力量。”
>
> ——畅销书《硅谷禁书》作者查尔斯·哈尼尔

任何消极的情绪都将会在爱中得到化解，因为爱是人类最伟大的法则，它拥有至高无上的能量，甚至可以跟宇宙媲美。在爱的世界里，我们变得平静，内心不再躁动。所以，当你被不良情绪烦扰时，放下一切，投身于爱中，你所渴望的理想境界就会实现。

在尴尬处境中学习乐观

如果你是一个在失败与逆境面前容易感到悲观失望的人，当你面对尴尬场面的时候就会很自然地往坏处想。比如，早晨上班在电梯中遇见老板，你兴冲冲地打招呼，老板却连眼都不抬看着自己的手机，当电梯中的陌生人向你投来异样的眼光时，你感到很难受。

感到尴尬、郁闷是很正常的事情，然而悲观消极的人会就此耿耿于怀，他们会这样想：

老板讨厌我？

是不是因为我工作不够努力，业绩不够好？

糟了，我会不会被公司裁员？

我可能要失业了，我该怎么办啊！

……

如果任由这种消极心态蔓延，那么你就彻底完了。你应该这样想：

老板是不是因为思考事情没听见？

难道他今天一大早气就不顺？

是我长得太漂亮了，他有压力？呵呵

这个高度近视家伙没戴眼镜吧？

这个自大狂，去死吧！

我才不在乎呢，小爷下次还不搭理了！

……

通过这样的练习，能够很好地控制消极情绪，迅速脱离消极磁场。

正能量磁场助你心想事成

消极的心态将人带入地狱，而积极的心态则能够让人升入天堂。积极的心态是获得幸福人生的基础，在心理学中，专门有一门分支叫做“积极心理学”，就是研究如何通过积极的情绪、心态、行为等因素，从而赢得理想人生的。

创造正能量

一切积极的事情都是可以被创造出来的，比如快乐，心理学家威廉·詹姆斯就证明了通过微笑可以给人们带来快乐。心理学家不仅证明了这一观点，还验证了行动与快乐的关系。不同的走路方式与情绪有着密切联系，大踏步走的人往往比较乐观，而拖着脚走路的人则容易情绪低落。

可见，正能量是完全可以自己创造的，国外有很多大笑俱乐部，就是为了帮助那些情绪低落者重新找到快乐。大家围在一起，什么都不做，就是放声大笑。虽然看起来很傻，但效果却十分明显，不快乐的人，通过大笑也会感受到积极的情绪。

为了让我们的生活变得更好，即使你目前的状态不佳，也试着挤出一个微笑吧，你所创造出的正能量会相互传递，同样也会得到更多的积极反馈。

吸引积极的人

和什么人在一起决定了你将成为什么样的人，所以决定未来的力量不在于你当下的财富，正在做什么，知道什么……而是你认识谁，与谁在一起。

情绪是会相互传递的，如果长期与消极的人在一起，就会陷入绝望之中。心理学家发现消极的人往往具备这样的思维模式：

（1）认为坏事情是不可避免、无法控制的；

（2）从不好的事情得出自己不好得结论。（如工作没做好，认为自己能力低，没有价值。）

（3）假设一件不好的事情会在以后导致其他不好的事情发生。

试想，你总是与这样的人在一起，怎么会拥有正能量？

几乎所有成功者都具备强大的正能量，在他们身边，聚集着一群非常优秀的人，因为他们所形成的磁场，相互吸引，他们会在潜意识中自动摒弃消极思维者，而将正能量的人吸引过来。这样，他们就会越来越优秀。

渴望富足生活

富足的生活几乎是所有人都渴望的，这里所指的富足不仅是财富，还有幸福、平和、爱、自由。如果你将金钱作为富足生活的唯一标准，如果你的生活中只有赚钱，那么理想中的富足生活永远不会到来。因为你在绞尽脑汁赚钱的过程中，所发散出的并非正能量，你会因为赚不到足够的钱而苦恼不已，你会在赚钱的过程中遇到很多困难，这些都是阻碍你成功的直接原因。

当然，不可否认，金钱是富足生活的最重要因素，没有之一，所以很多人希望首先吸引到财富，并为此努力。但是，生活中只有少数人做到了，这到底是为什么呢？最终没能吸引到财富的人，并不是因为渴求财富的愿望不够强烈，往往是因为所发散出的能量过于强烈，以至于偏离了目标。

很多人渴望吸引到更多的金钱，但是并没有将全部精力专注于此。恰恰相反，他们渴望更多金钱的目的在于偿还债务，所以他们总想着自己透支了几张信用卡，借朋友的钱该还了，这个月的房贷怎么办……然后，他们会带着消极情绪去拼命工作，产生出负面磁场，吸引来的也是有同样负面情绪的人。试想，当此类人碰到一起，除了抱怨还能有什么呢？怎么还会有心思去思考如何赚钱？

渴望富足，就要专注于真正的目标，财富、幸福、爱、平和、自由……而不是专注在实现目标过程中产生的困难，否则将会形成负面磁场，难以实现目标。

渴望健康

你是不是正在或者曾经为减肥问题烦恼不已，你是不是发过“毒誓”一定要减掉多少斤赘肉？可结果如何呢？不但没能成功减肥，反而反弹了！

当你为了减肥而发下狠话时，实际上起到了反作用。“如果不能成功减肥我就不吃饭了”、“我必须减掉10斤体重，否则漂亮衣服都穿不进去了”、“再不瘦下去我就去死！”……

在这个过程中，因为使用了否定句式，结果吸引来的都是负面能量，这对于减肥计划并没有好处。

跟减肥一样，吸引健康也是同样的道理。你希望一生身体健康，就要始终保持积极健康的思想，千万不要患得患失，担心身体可能出现的问题。我见过很多心态消极的人，每当身体稍有不适，就会产生各种忧虑：

“我的胳膊最近老疼，是不是骨质疏松了？”

“我最近走路脚特别疼，是不是长骨刺了？”

“最近特烦，我是不是到了更年期了？”

“完了，看见什么都不高兴，一定是得抑郁症了！”

“岁数大了，看不清了，我该不是患白内障了吧？”

……

听过太多的忧虑，大部分都是无谓的担心，不要说当事人，就连局外人听多了也会影响心情。这就是吸引力法则，它只接收信息，无论好与坏。所以，如果你发出消极信号，吸引来的就是负面的能量，那么对于你的健康影响很大。很多疾病的恶化都是病人消极心态所导致的，他们心里不停想着疾病的发生，结果想到即得到，他们的“愿望”实现了。

吸引健康，就要保持积极的心态，投射到行为当中，在生活中表现出活力与激情，你会将发散同样振动频率的人吸引过来。试想，如果你身边都是一些乐观开朗的人，还会担心健康不来吗？

接收喜悦

接收喜悦的信息，心里想着开心的事，快乐就会到来。因为开心快乐，你发出积极的能量信号，吸引而来的也都是积极快乐的人。想象一下，身边都是乐天派，你的生活还会有烦恼吗？

接收喜悦很简单，只要将生活中让你不开心的事过滤掉就可以了，只想着高兴的事。比如，今天你上班迟到了，恰好今天是发工资的日子，你只要记得发工资这件事，想着下班之后又可以去购物了，你就会开心起来，而忘掉上班迟到这件倒霉事。

除了过滤消极信息的方法，你还可以利用能量场自动转换的方法。比如，周一刚上班，老板就通知你周末加班，你是忍受一周的坏心情还是通过自我转换让自己开心起来呢？自我转换很简单，就是用积极能量替代消极能量，这一周你不可能只遇到一件事——加班，你还会遇到很多开心事，也许就在周一，其他同事与你有同样感受，于是约你下班之后去大吃一顿发泄不满，那么周一就没有那么难熬了，你心里想着晚上的大餐，就会开心起来从而忘掉加班这件事。在晚上享受大餐的时候，几个同事又约好周二继续去购物，周三去看电影……为了抵抗加班带来的负面能量，她们将一周都安排满了，就是为了能够让自己开心。

总之，接收喜悦，始终保持积极心态，将会形成正能量磁场，吸引到同样开心的人，那么你的生活将会十分圆满。

多年来，你还不清楚抱怨的结果吗？

抱怨是一种消极的内心情绪体验，很常见，危害性极大。现实生活中，有些人爱抱怨，有些人爱听抱怨，其实，这都是一种关系欲求不满的表现，这类人有一种关系饥渴，抱怨与听抱怨都是一种关系达成，这就是为什么人们喜欢与最信赖、最亲密的人抱怨的原因。

在心理学上，有“投射”之说，抱怨的人一吐为快，而听抱怨的人却陷入长久的不快中。无论扮演哪个角色，危害性都很大。

这年头，爱抱怨的人特别多

不知道是年景不好，还是别的原因，现如今爱抱怨的人越来越多。自认为交友圈子广泛，所以身边奇葩的人特别多。我有个朋友，总觉得自己命不好，逢人便抱怨个没完，而且理由千奇百怪。

吃面揪出头发，喝水喝出米粒，熬夜打游戏隔天抱怨睡眠少，工作混日子抱怨赚不到钱…… 这些都是命不好的理由。百年一遇的偶发事件，到她这里就成为活不下去的理由，不拉着三五个好友抱怨一通，晚上肯定又睡不着了。

还有一个朋友，喜欢怨天尤人，把所有问题都归结为自己太胖：找不到男朋友，找不到好工作，甚至买不到喜欢的衣服……

要是身材好点，就凭我的相貌一定能钓到金龟婿；要是身材好点，哪家公司不抢着要我；要是身材好点，还愁没人追我？

她一边说，一边往嘴里塞着各种零食。

我不知道别人怎样，反正我快被烦死了，每次她们抱怨完，心情爽了，我的脸就绿了，以至于她们再约我吃饭，我总是找各种借口推掉，不能让这些家伙毁了好心情。

为什么每个人都那么喜欢抱怨？真的是光景不好，人们心里烦躁吗？在心理学上，有一个知觉显著性（perceptual salience）的概念，意思是那些成为人们注意焦点的信息常常被认为是更为重要的信息。也就是说，你关注到什么，什么就重要。

胖子总是关注自己的身材，于是抱怨体态臃肿带来的弊端；倒霉的人总是关注倒霉的事，于是抱怨命运不济。

在公众场合，人们总是将自己最好的一面展现出来，爱抱怨的人只会看到别人好的一面，而关注自己不好的一面，继而心理失衡，产生更多的牢骚。

这种现象在心理学上还可以用“当事人 / 旁观者差异”概念进一步解释，该理论认为，在观察别人行为时，人们习惯于做性格归因，即别人遭遇困难是因为其人品差；而在解释自己的行为时则更注重情境因素，即自己遭遇不幸则是因为命运不公。所以，别人倒霉都是活该，自己倒霉则是天妒英才，于是内心更加委屈，抱怨更多。

在此奉劝那些爱抱怨，觉得自己倒霉的人，你们经历的那点挫折根本不算什么，太胖了，吃饭吃出头发，喝水喝出米粒……这些也叫作事儿？你知道天生没有四肢的Nick Vujicic吗？这才是天生不幸。当你在抱怨没有新鞋子时，有没有想过很多人根本没有脚？

心理学还有一个真实案例，很有戏剧性，讲的是一名14岁的男孩，生命中所有悲剧都发生在11月，8岁那年的11月，母亲去世了；9岁那年的11月，摔断了胳膊；10岁那年的11月，出了车祸；11岁那年的11月，从天窗摔了下来，臀部骨折；12岁那年的11月，玩滑板摔了导致手腕骨折；13岁那年的11月，他又被汽车撞伤了……

看完这个案例，你还觉得自己最倒霉吗？你还要抱怨吗？

如何通过潜意识消除抱怨

如何通过潜意识消除抱怨是心理学研究的课题，你可以按以下方法做：

相由心生，心随意转

当抱怨心理出现萌芽时，你会非常渴望与他人倾诉，发泄情绪，如果无法得到满足，那么将会不断在脑海中抱怨，这样就会导致消极心态的产生。与人倾诉是消除抱怨的最好方法，如果暂时无法实现，就要学会利用潜意识的力量化解消极情绪。相由心生，心随意转，尽量不去想导致你抱怨的事，而是想一些开心的事，这样在潜意识中遏制抱怨思想的产生。

拒绝听觉污染

有些时候，你并非抱怨主体，而是其他人因为抱怨传递出的振动频率将你吸引过去。所以，如果你避免不了他人向你倾诉思想垃圾，那么就要从潜意识中自动过滤听觉垃圾。比如，当同事找你抱怨工资待遇太差时，你会很有礼貌地听她诉说，但是心里根本不想这件事。在潜意识中，你将这类思想垃圾自动过滤掉，当同事抱怨完，你适当进行安慰，然后若无其事地继续自己的工作，对刚才那些抱怨根本没有任何印象。这种通过潜意识拒绝听觉污染的方法并不容易，需要长期的练习才能掌握。

紫手环的力量

威尔·鲍温在《不抱怨的世界》中谈到了一种依靠佩戴紫手环而消除抱怨的方法，这是一种不错的方法，当抱怨情绪产生时，将紫手环从一只手换到另一只手。在此，即将介绍的方法也是通过信念物转移消极情绪的方法。

随身携带能够带给自己精神力量的信物，可以是紫手环，可以是手链、戒指，也可以是一支笔或任何物品。前提是你必须随身携带，以便当抱怨情绪产生时，能够第一时间看到它。

信物必须对你足够重要，看见它能够想起生命中最重要的人或事，能够让你的情绪瞬间平复。

汽车预热调整法

司机都清楚，汽车上路前要进行发动机预热，这样才能保证汽车良好的行驶状态。消除抱怨也可以借鉴汽车预热调整法，当坏情绪出现时，先不急着工作，什么也不干，静下心来想一想舒心的事，就相当于汽车预热，将车子调整到最佳状态再上路。只不过你是给自己的大脑预热，当一切负面情绪不再影响你时，再开始工作。

反向心理暗示法

每当抱怨情绪滋生时，仔细分析产生抱怨的原因，然后通过反向心理暗示的方法化解消极情绪。所谓反向心理暗示，就是反过来去想那些导致情绪消极的原因。例如，“真倒霉，我的笔记本电脑坏了”，反过来想问题，你会得到正向心理暗示——终于可以换新笔记本电脑了！

例如，“为什么今年升职又没轮到我？难道老板对我有意见！”反过来想问题后，得出这样的结论——既然老板没有眼光，看来我要另谋高就了，新生活正在向我走来。

利用反向心理暗示法，能够将负面情绪减弱甚至消除，就不会陷入抱怨的负面磁场中了。当然，你不必真的行动，只要达到消除抱怨的目的就可以了。

世界从不亏欠每个努力追寻幸福的人，

Pursuit of happiness

第五章

杀死消极情绪的心理暗示法

你可清楚点燃地狱之火的后果

愤怒情绪如同地狱之火，对于个人身心健康具有毁灭性打击，而因为愤怒导致的冲动行为，其后果更是不可想象，是人们承受不起的。导致愤怒的原因有很多，而抑制愤怒情绪的有效方法，依靠心理调节是其中之一。

生命无法承受之重

贝德盖勒特是一只义犬的名字，英文翻译过来即“盖勒特之墓”，它也是英国威尔士的一座城市。13世纪，威尔士人为了纪念义犬盖勒特，遂以它的名字为这座城市命名。

回溯历史，才发现这是一个令人扼腕叹息的故事：盖勒特本是威尔士亲王卢埃林的一只爱犬，以忠诚与勇敢著称。一次，亲王准备外出狩猎，吹响号角召集所有猎犬，唯独盖勒特不见了。结果，缺少了盖勒特这只骁勇善战的猎犬，导致亲王在狩猎中的战利品很少，带着一肚子怨气回到府上。

没想到，亲王刚走到城堡门口，盖勒特就窜了出来，蜷缩在主人脚旁，不停地舔着亲王的靴子。卢埃林亲王怒气未消，刚要大声呵斥盖勒特，却发现它的嘴角都是血。这时，亲王有一种不祥的预感，因为平时盖勒特经常跟两岁的儿子一起玩耍，他担心发生什么可怕的事情。于是，亲王赶紧走到儿子的房间，推开门之后惊呆了，儿子的摇篮打翻在地，地板和墙上都是血迹。这时，卢埃林亲王暴怒了，他认定盖勒特吃了自己的儿子，拔出佩剑刺死了它。

盖勒特的惨叫声惊醒了熟睡的孩子，亲王随即在一堆杂物中找到了毫发未伤的儿子，而在他的身边是一只野狼的死尸。原来，亲王外出狩猎时，这只野狼偷偷溜了进来，而盖勒特为了保护小主人而咬死了饿狼。

卢埃林伤心至极，因为一时盛怒而错杀了爱犬，为了纪念它，卢埃林把号角跟猎枪挂在了盖勒特的坟墓旁。

后来，人们将埋葬盖勒特的地方命名为“贝德盖勒特”，英文意思为盖勒特之墓，此地后来发展为一座城市。

人们在一时盛怒下最容易导致冲动行为的发生，而后果往往是难以承受的。现实社会中，冲动犯罪并不少见，因为愤怒导致一时冲动，不仅毁了别人，也毁了自己。

额叶是大脑控制冲动的刹车，这部分大脑功能告诉我们做事的后果。在正常人的大脑中，额叶是活动最频繁的地方。而杀人犯的大脑扫描图则显示，额叶部分的活动很少。

心理专家指出，冲动源自于感情上的强烈波动，或是突如其来的欲望冲击，或是拥有雄厚兴致的推动力。心理学家认为冲动是一种外界刺激，刺激人脑，继而采取行动。在强烈的刺激下，人们在行动之前往往来不及思考，从而做出一些与本性并不相配、导致事后后悔的行为。

因愤怒导致的冲动情绪具有很大的破坏力，尤其是那些脾气暴躁，心理承受能力差的人，很容易被愤怒操控，做出可怕的行为。

抑制愤怒

从心理学的角度分析，愤怒包括四个典型的心理历程：认知思考、情绪、外在行为表现，以及对象的正确与否。

不健康的愤怒情绪表现为：

非理性思考（包括虚弱的认知能力或缺乏对知识真理的认识）；

激动的感情（即过度膨胀，无法控制的情绪爆发）；

外在攻击行为（轻微的言语攻击，严重的肢体攻击，甚至使用武器）；

对象的正确与否（错误的将无辜者作为发泄对象）。

在众多心理研究课题中，一些心理学家提出了「挫折——攻击」(frustration—aggressive) 理论，即人因为愤怒导致的攻击行为，源自于生活中遇到的挫折，它的实验依据如下。

对一些小白老鼠施以电击，之后详细观察并记录白鼠的行为表现，研究人员发现小白鼠的性情大变，急躁、睡眠时间减少、争抢食物、活动量变大、彼此相互撕咬的概率也大幅提高。据此，相关学者推论人类的行为也遵循类似的原理，在诸事不顺，遇到挫折时，性情会发生改变，更容易产生愤怒情绪，从而出现攻击行为。

在了解以上信息之后，我们完全可以通过心理调节的方式抑制愤怒，虽然不可能完全压制愤怒情绪，也不至于出现导致后悔终生的冲动行为。

预想后果威慑法

当你想要发怒的时候，先考虑后果，将各种可能的后果列出来。通过这种在潜意识中预想后果的方法，可以起到很好的心理威慑作用，从而抑制愤怒情绪的进一步扩散。

例如，你在工作中与领导发生了激烈的争吵，一度想要辞职走人。这时，你要通过意念控制情绪，预想可能出现的后果。你很可能失业很长一段时间，那么房贷怎么办？孩子的学费怎么办？一家人的开销怎么办……这些都是你无法承受的后果，想到这些，你就不会冲动行事了，从而有效遏制了愤怒情绪。

视线转移法

当愤怒情绪产生时，将注意力转移到其他方面，从而远离愤怒。当你因为某个人或某件事而大发雷霆时，马上将视线转到其他方面，不去想惹你生气的人或事，那么你的火气就会减小。例如，前一天晚上你跟妻子吵架了，为了不让愤怒情绪影响工作，你可以尽量不去想昨晚在家里发生的事，将注意力转移到其他方面，尤其是那些感兴趣的事情上。你可以将精力投入到工作中，也可以多想想可爱的孩子，想想自己喜欢的运动，想想周末的聚会……总之，转移视线，多想开心的事，愤怒情绪自然会有所消减。

提取内心积极的心理像素点

在我们的人生中，有幸福的回忆，也有痛苦的经历，这些过往的经历构成了心理像素群，而那些能够带给我们良好情绪的因素被称之为积极心理像素点，我们要做的就是通过选择积极心理像素点而掌控情绪。

每个人都有固定的心理像素群，这个像素群是由个人经历、所处环境、心理环境等长期累积而成。当我们经历某一相似事件时，就会自然而然地从这个像素群中提取熟悉的意念。而当愤怒情绪产生时，我们就会想到以往类似的场景，而那些都属于消极心理像素点，不利于控制愤怒情绪。这时，我们需要过滤掉消极心理像素点，而尽量提取那些有利于行为结果的积极心理像素点。

举例来说，当你在工作中受了委屈，对于某些同事心存不满，甚至到了咬牙切齿的地步。此刻，你会很自然地从心理像素群中提取熟悉的概念，你会回想以往类似的不快经历，然而这只能让你更加生气，把自己逼向失控的边缘。为了控制愤怒，你必须提取积极的心理像素点，你可以试着回想之前与同事和谐相处的时光，回想大家一起吃饭、一起购物的场景，回想因为团结协作而完成业绩的情况……让这些积极的心理像素点压制消极的心理像素点，只有这样才能消除怒气。

你总是不满意？只怪你想要的太多

现如今日子越来越好，但奇怪的是人们的不满情绪越来越严重，很多人因此陷入无止境的烦恼之中。其实，这也不难理解，随着眼界的开阔，物质生活水平的提高，人们的欲求逐渐膨胀，所以就产生了不满情绪。

从某方面来说，不满情绪是一件好事，能够促使人们更加努力地追逐自己的目标，有助于个人和社会的进步。然而，有一部分人的欲求过盛，无论得到什么都不满意，总想要更好的，他们因为欲望无法满足而产生严重的不满情绪，不仅导致心理失衡，还会影响工作与人际关系。

妻子想要全世界

A 兄是我的高中同学，关系不错，以至于没事就会跟我聊天。他娶了一个很漂亮的妻子，结婚头半年很幸福，但是最近他发现妻子是一个追求完美的人，欲求过盛，什么东西都想要最好的，背名牌包，用最新款的苹果手机，这些都好说，A 兄硬着头皮帮她全买下来了。不过，最近他妻子又看上豪车洋房了，这让A兄彻底没招了，因为硬实力如此，再怎么拼也没戏。随着欲望越来越多，落空的次数也开始增多，他老婆的不满情绪开始爆发，两人天天为此争吵。

作为好朋友的我听着有些幸灾乐祸，我当时劝他别急着结婚，刚认识不到一年就登记了，现在问题来了吧。

都是女人，所以很了解女人的虚荣心，不错，女人是喜欢买东西，也抑制不住“买买买” 的行为习惯，但作为一名心理咨询师，我很清楚欲望无法得到满足的后果，所以经历过一段疼痛期，发过各种毒誓，如“再买剁手”、“再买摔手机”、“卸载淘宝”……之后，我基本将欲望控制在合理水平之内了。

显然，A兄妻子不懂这个道理，她想要全世界，结果她的大部分欲望注定无法得到满足，导致不满情绪彻底爆发，这也是A兄三天两头找我讨教方法的原因。

在心理学上，有一个专有名词——狄德罗效应，是由18世纪法国哲学家丹尼斯·狄德罗提出的。狄德罗效应也被称为“愈得愈不足效应”或是“配套效应”，意思是在没有得到某种东西时，心里很平稳，而一旦得到了，却不满足。美国哈佛大学经济学家朱丽叶·施罗尔在《过度消费的美国人》提出了这个观点，指人们在拥有了一件新的物品后，不断配置与其相适应的物品，以达到心理上平衡的现象。

A兄及B、C、D、E、F、G……兄弟们的妻子都可能有这样的情况出现，如果是，那男人们的日子就不好过了。

用意念填满欲求

人类的欲望是很可怕的，如果任由欲求无止境发展，总会有无法满足的一天，到时不满情绪就会爆发，继而影响身边每一个人。通过意念控制个人欲求，能够有效地防止不满情绪的滋生。

接受现状，断绝欲求

任何人的欲求都不可能无止境得到满足，或早或晚，你都要接受现实，你要在内心深处认可并接受现实，你的不满情绪也就无从爆发了。

在某届香港小姐竞选活动中，一位获选港姐被问到这样一个问题：

“如果在希特勒和肖邦之间，你必须选择一人结婚，那么你会选择谁？”

“希特勒。我相信如果和希特勒结婚，那么第二次世界大战就不会发生了，因为我会用我的爱去感化和影响他停止发动二战。”

这位小姐的回答之所以获得广泛好评，首要原因在于她接受了不可改变的现实。既然题目说的是“必须选择一人结婚”，那么她就不可能选择“我会坚持找寻真爱”或“我会终身不嫁”这样的回答方式。她的聪明之处在于，首先从心底接受了这样的事实，然后做出了精妙的回答。

防止不满情绪的滋生，你需要在潜意识中反复告诉自己“现实不可能更改”，从而认可并接受现状，才能从心底彻底断绝欲求。

降低心理预期，学会知足

不满情绪的产生源于欲求太盛，那么合理降低心理预期，学会知足，则能够有效遏制不满情绪。例如，你刚拿到驾驶证，想要购买一台全新的现代品牌 SUV，但由于资金限制，你的心愿很难实现。这时，不满情绪就会出现，而你可以通过降低心理预期的方式，有效减缓甚至化解不满情绪。

你可以这样告诉自己“以目前的经济实力，购买现代品牌 SUV 确实有点吃不消，不妨先买一辆便宜的 SUV 开着，以后有钱了再换。”如此一来，在潜意识中通过降低心理预期，你已经能够接受购买一辆便宜 SUV 的想法，不满情绪自然得到缓解。

自我激励，你的愿望终将实现

通过自我激励的方式，激发出内在的潜能，从而努力实现愿望。例如，你渴望在北京拥有一套自己的房子，然而高昂的首付款让你头痛不已，生活中充满了消极与不满的情绪。这时，你可以通过自我激励的方式改变现状。你告诉自己，一定要在北京买房，要有信心。为了攒够首付款，你会更加努力地赚钱，同时生活中更加节俭。当你心中有了动力，那么就没时间发牢骚，不满情绪就会降低。

这也是一种不错的方法，通过潜意识自我激励，不仅可以降低不满情绪，还能够激发奋斗的动力，你的欲求也将因此而存在实现的可能。

摒弃完美的念头

俄国哲学家车尔尼雪夫斯基说过："既然太阳上也有黑点，人世间的事情就不可能没有缺陷。"喜欢追求完美的人必定痛苦，他们的欲求永远无法满足，因为瑕疵不可避免。所以，你要告诉自己，世界上没有完美，并从心底认同这种说法，直到接受不完美的人生为止。

对于追求完美这件事，以装修房子刷漆为例，我希望每个细节都能像设想的那样，我会要求工人将某些看不到的地方也刷上漆，例如柜子后面的煤气管、犄角旮旯的铁架子等，而这些地方根本看不到的。结果，工人们并没有按要求去做，因为够不到，也没必要，我还为此烦恼过几天。后来想想，实在是没必要，这样的完美念头简直是愚蠢，哪个有经验的油漆工也不会满足这样的要求。

有时候追求完美的过程显得过于繁杂，也很难实现，所以就会产生不满情绪，为了少给自己添麻烦，你要告诉自己并从内心接受，世界上根本没有完美这回事，反复向自己灌输这种观念，直到认可为止。

自卑与超越：从弗洛伊德到阿德勒

弗洛伊德提出了人类的三种精神层次：意识、前意识、潜意识（无意识），随着不断发展与超越，人们已经学会运用潜意识的力量，通过意念控制情绪、心理、行为等。而阿德勒作为弗洛伊德的弟子之一，又在老师的基础上另立门派，创立了个体心理学。他在自卑心理研究方面取得很大成就，《自卑与超越》一书是他的代表作之一。

阿尔弗雷德·阿德勒：一个自卑的孩子

1870 年，阿尔弗雷德·阿德勒出生于奥地利维也纳的一个富裕家庭，然而富裕的家境并没有给他带来快乐的童年。阿德勒患有先天性佝偻病，直到 4 岁才学会走路，这让他感到很自卑。5 岁那年，阿德勒患上了致命的肺炎，险些要了他的小命。阿德勒上小学之后，因为数学不好被老师当做差生，更加重了其自卑情结。应该说，阿德勒在心理学上的许多观点都可以从他童年时代的这些记忆中寻找某些蛛丝马迹。

阿德勒认为，自卑感是人格发展的动力。每个人都有不同程度的自卑感，因此心理上的自卑是每个人要面对的基本处境。自卑会使人感到紧张，人们因而要努力摆脱这种处境。

在早期的理论中，阿德勒将自卑与身体缺陷联系在一起，这与他童年的遭遇有很大关系。他认为，一个人存在身体缺陷或是某种器官功能不足，就会产生自卑感，而补偿途径主要有两种：一种是发现自己的生理缺陷后，专注于低劣的器官进行补偿，试图让自身劣势变为优势。例如，从小体弱多病的孩子，就会通过积极的体育锻炼予以弥补，这种方式被阿德勒称为“超补偿”；另一种是承认自身缺陷，通过发展其他机能予以弥补。例如失明者会通过训练听觉或触觉予以弥补。

这是阿德勒的早期理论，之后他又提出社会自卑与心理自卑的概念，在他看来，自卑感是非常正常的心理现象，并且完全能够通过后天补偿予以弥补。

阿德勒认为，每个人都会或多或少的存在自卑心理，所以会采取各种途径进行弥补，设法摆脱自卑。然而，很多人因为选择了错误的方法，不但没有改变自卑心理，反而加重了自卑感，这就形成了阿德勒所说的“自卑情结”。

一旦出现自卑情结，便意味着进入恶性循环之中，一个人想努力摆脱自卑，却因为方法不对致使情况越来越糟，从而加重自卑情绪。于是一个循环又出现了，并不断重复下去。因此，若想彻底消除自卑，必须找到适合自己的正确方法。

我们都是从自卑中走出来的孩子

那些天之骄子我一个也不认识，身边都是一些普通人，生而骄傲者少，家境一般，所以很多人都带着一点自卑情绪。一路走来，朋友们都长大了，少数人依旧没能走出自卑的泥沼，生活、工作一塌糊涂。然而多数人都依靠自己的努力，克服了自卑心理，补偿自身劣势，从而赢得了全新的人生。

自卑的人，大脑皮层长期处于抑制状态，而绝少有欢乐和愉快的良性刺激转换，中枢系统处于麻木状态，体内各个器官的生理功能无法得到充分调动，从而发挥不出应有的作用；同时内分泌系统的功能也因此而失去常态，有害的激素随之分泌增多；免疫系统功能下降，导致抵抗力降低，容易患病。总之，自卑对于生活、工作以及身心健康的影响都是巨大的。心理学家及生理学家经过研究证实，遗传因素确实导致了一定程度的自卑感，但自卑性格最主要的成因还是来自成长经历中的事件所形成。每个人在成长过程中都会经历一些坎坷，即便是再幸运的人也会经受磨难。如果不能经受住打击，那么很可能从此沉沦，甚至任凭自卑情绪融入性格之中，那些最终没有走出来的人，就此葬送了一生。

小时候，我也是一个内向自卑的孩子，不爱说话，缺少勇气，生活因此困难重重，缺少欢乐。在很长时间里，都任凭内心中那个内向自卑的我占据着生活，他给我带来了太多的失败与痛苦。那时候，天天幻想着自己变成另一个人，变得勇敢、乐观、健谈……希望彻底将自卑情绪从生活中剔除出去。随着这样的想法越来越强烈，我开始寻求改变，当我终于激活内心中强大的自我之后，美好的生活才第一次展现在我的面前。方法很简单，就是在心中反复对自己说，“我不是全世界最差的一个，生活不应该是今天的样子”。想法越强烈，行动越坚决，我开始找到自信，成功的体验逐步进入我的生命。

直到有一天，我意识到自己改变了，再也不是那个低头走路，不敢直视他人眼睛的孩子。虽然当时并不清楚心想事成的秘密，但我的确通过意念成功地将自卑情绪从生命中剔除出去，我的人生开始变得不同。

身边的朋友们大都也是和我同样的经历，小时候那个自卑失败的自己，随着心智的成熟及不断强大的内心而彻底消失，他们用一次次成功的体验积攒信心，找到适合自己的补偿方式，弥补自身劣势，突出个人优势，从而改变了自卑情结。

超越自卑的心理控制法

战胜自卑的方法有很多，每个人都有属于自己的方式，而通过强大内心战胜自卑的方法，在我看来是最实用的。

积极自我心像的建立

什么是自我心像，简单来说，就是在你内心深处将自己看做一个什么样的人。对于自卑情结严重的人来说，内心深处永远都是消极失败的自我心像。

你必须先将自己想象为成功者，感受那份自信与骄傲，之后延续这种良好的心理感觉，用具体的行动换来每一次成功，当你的信心积累到一定程度，你就会将自己视为成功者，这时一两次的失败将不会左右你的人生。

想象与人顺利交往的良好感觉

自卑者往往存在人际交往障碍，这种困扰给他们的身心带来的伤害是巨大的，工作、生活因此变得一团糟。人类是群居性动物，无法做到离群寡居，如果长时间不与人交往一定会精神崩溃，通过心里想象的方法能够很好地改变这种情况。

在脑海中，想象你与某人交流时的场景，想象你们谈到彼此感兴趣话题时的兴奋表情，想象自己滔滔不绝说个不停，对方认真倾听积极互动的样子……总之，想象你在每一次交谈中表现出的喜悦神情。现实生活中，你的乐观与积极将会吸引到同样的人。当你拥有了第一次成功与人交流的体验后，一定会喜欢上这种感觉，从而逐步克服人际交往障碍。为了提高成功率，你可以从熟人开始，以免吃到闭门羹，打击自信心。

想象自己在擅长领域获得成功的感觉

如果你是一名销售人员，却自卑性格而不敢主动拜访客户，那么你必须尽快寻求改变，否则很快就会丢掉工作。你可以通过意念控制自卑情绪，想象自己最擅长的方面，并以此获得成功后的感觉。例如，虽然存在自卑心理，但你的口才很好，这一点有助于销售工作。你可以想象向客户推销的时候，通过你的说服最终拿下订单的感觉。当类似感觉积累到一定程度，就会形成自信心，然后你就会迫不及待地想去现实中证明自己。随着成功次数的增加，你的自卑情绪也会相应减少。

想象自身优势所带给你的喜悦感

导致自卑的一个重要原因是来自自身的劣势，尤其是身体方面的劣势。比如，如果一个男孩子个子很矮，在生活中不可避免地被人嘲笑，他就会对自身的缺陷感到自卑。因此，如果你总想着自身劣势，那么只会加重自卑情绪。

你需要经常想象自身优势带给你的喜悦感，而不去想自身劣势带给你的自卑感。比方说你个子很矮，这是与生俱来的，改变不了，不妨多想想自身优势，如你的工作能力很强，你很有钱，你的地位很高，你的女朋友很漂亮……通过比较，你发现自己虽然个子矮，但所拥有的远比其他人强很多。

反复利用这种想象的方法，在你脑海中就会形成自信，从而彻底忘记自身缺陷带来的自卑情绪。

想象通过努力获得幸福后的样子

是什么支持你起早贪黑、风雨无阻地去工作?

想象一下，通过努力后你可以获得幸福的样子，一定会让你心情变好吧！那就朝着你的目标继续前行吧！

小心失落情绪将你拖入异度空间

人类的情绪真的很神奇，它总是千变万化，一秒前你还在开怀大笑，一秒后你已经哭得稀里哗啦。在所有情绪中，有一种被称之为失落的情绪，当不顺心时，它就会滋生并蔓延开来，它会让人感到抑郁、沮丧、凄凉、沉闷、孤独、不开心。

心理学家研究发现，人的恶劣情绪会像病毒一样快速传染，只要20分钟，一个人就可以受到他人低落情绪的传染。不管是你还是身边的人，一旦陷入失落情绪，这种病毒都会迅速传播，将你拖入异度空间。

可以失败，不可以失落

失败对于任何人来说都是不可避免的，所以无论经历多么惨痛的失败都是可以接受的，也展现出一个人强大的心理素质。然而，因为失败而产生失落情绪，并且很长时间无法恢复则是不能接受的，它会带来很严重的影响。

现代社会，压力是逃不掉的。上班，面临着工作压力；在家待业，面临着生活压力。当然，还有更可怕的心理压力，这些压力是导致一个人失败的主要原因。有些人因为无法承受压力，而出现失落情绪，并且陷入泥沼，无法自拔。

以前上班的时候，经历过一次管理层的变动，之前的投资方由于经营不善将公司卖给了外资机构，所有工作人员都面临着一次洗牌，所以大家都很紧张。很多有经验的管理人员都选择了跳槽，因为他们很清楚“一个道理，即便被留下也会在用完所有经验之后被无情的抛弃，所以他们先走一步。而我们这些基层员工没有合适的地方，只能期待通过考核被留用。

那段日子心情忐忑，压力很大，新任管理层根本不考虑员工之前的工作成绩，他们有自己的考核标准。留下来的员工都在极力表现自己，却不知道管理层重点考察哪些方面。终于到了考核的日子，大家都很紧张，而我不幸在面试中表现失常，某些细节没有处理好，结果落选了。

我的心情十分低落，即便做了最坏的打算，也没有想到这样的结果。因为之前的工作能力得到了领导和同事的一致认可，而在新任管理层面前却遭到了全盘否定。

这次失败对我的打击很大，失业让我的情绪陷入了低谷，虽然被裁员之后马上开始寻找新的工作，但是并没有很快找到合适的岗位。随着失业时间的持续，我的情绪越来越糟，失落感进入了我的生活，前途迷茫，看不到希望，我开始变得异常烦躁，莫名其妙地向他人发脾气，并因此影响了人际关系。

总之，那段日子过得很糟糕，不仅遭遇了失败，还任由失落情绪将我带入异度空间，严重影响了生活和身心健康。所以，我想告诉广大读者，可以失败，但绝不能失落，否则你的损失是多方面的，而且这种影响持久性强，不利于迅速恢复。

逃离失落感造成的异度空间

失落情绪因为比较常见，所以很多人不够重视，任由失落情绪蔓延，结果发展为重度沮丧，甚至是抑郁，不仅严重影响身心健康，还会给生活与工作带来很大影响。一旦陷入情绪失落的异度空间，就会发射出消极的能量磁场，同时吸引到更多沮丧的人。试想，身处这样的环境中，生活会是一幅怎样的景象？为了防止这种情况的发生，你必须学会通过内心调节情绪，逃离失落感造成的异度空间。下面的方法可以作为参考。

如果你开始对什么都不感兴趣

如果你开始对什么都提不起兴趣，则是出现失落情绪的征兆。提不起兴趣，生活也就缺少了激情，每天都感觉没什么意思；提不起兴趣，工作没有动力，每天都在磨时间。渐渐地，你就会被拖入失落感造成的异度空间中，变得越来越消沉。

这时，你需要通过意念自我激励，逐步提起兴趣。例如，你可以在脑海里想象自己感兴趣的人和事：想象跟喜欢的人约会时的场景，能够有效激起追求的欲望；想象自己因为业绩出色而得到了一笔丰厚的酬金，从而大肆购物时的场景……利用这种方法能够重新激发出你的兴趣，给生活和工作注入活力。

如果你因为精神压力而烦躁不安

压力过大最容易导致情绪低落，如果你最近生活窘迫，或者工作不顺心，甚至面临失业的危险，最容易出现情绪低落的现象。你需要做的是通过意念自我减压，缓解焦虑情绪，从而避免陷入更加失落的境况。

例如，你因为经济拮据面临着巨大的心理压力，每个月还完房贷所剩无几，这样的日子过起来捉襟见肘，烦躁自然很难避免。如果短期内无法改变现状，只有通过意念减压的方法缓解焦躁情绪。如果你的贷款即将全部还完，你可以想象还完房贷后的轻松日子，想买什么就买什么，没有一点压力，这么做有利于放松紧绷的神经。

又如，你刚换了新的工作，对于业务还不熟悉，工作中经常出错，你为此感到烦躁。你很清楚，如果继续下去，领导会给你施加更大压力，同事也会对你失去信任，你会进入失落的异度空间。这时，你需要通过意念控制消极情绪的产生，想象自己很快熟悉业务之后，工作出色，效率很高，因此得到领导表扬和同事的信任。想象自己很快融入了新环境，人际关系处理得不错。这样一来，精神压力就会减少，根据心想事成的原理，一切很快就会进入你预想的轨道。

如果你对人生感到迷茫

对于人生的迷茫感是导致失落情绪的重要原因，当你觉得一切都没有意义的时候，说明你已经进入了失落的异度空间，这是非常危险的信号，很多人因为感到生活空虚无聊，看不到希望，认为继续活下去没有意义，从而选择轻生。

朝九晚五的生活确实让很多人觉得没意思，看不到前途，然而大多数人都是这样，你不是唯一一个感到无聊的人。如果你的内心空虚，缺少价值感，就试着想象自己找到理想工作后的样子，强烈的欲望会激发追求的动力，你会有勇气做出改变。例如，你从小就喜欢画画，并梦想成为一名画家，但现实却让你选择了一份朝九晚五的稳定工作。你经常感到空虚，因为这不是你想要的生活，并常常陷入低落之中。

为了缓解失落感，你可以不断想象自己成为职业画家后的生活，住在北京宋庄的画家村，每日吃着白菜豆腐，清水面条，日子清贫却重新找到了活着的意义，你很开心也很满足。通过想象，你感受到生活的意义，在很大程度上缓解了空虚感。甚至你真的有勇气作出改变，抛下一切，重新上路。

接纳恐惧：2012.12.21 不是世界末日

2012.12.21，玛雅人预测的世界末日并没有到来，无论玛雅人有没有做过这样的预测，但全世界有很多人对此深信不疑，他们也因此陷入了深深的恐惧之中。人们开始建造各种“诺亚方舟”，有人跑到深山老林，有人躲到了地底下……总之，为了生存，人们想出各种各样的方法。然而，随着 2012.12.21 这个神圣的日子越来越近，他们内心的恐惧并没有因为拥有了“诺亚方舟”而丝毫减少。相反，很多人变得神经衰弱，每天都活在恐惧之中。

恐惧源自于条件反射

恐惧情绪是与生俱来的，我们天生对某些事物感到害怕。同时，大部分恐惧情绪都是后天习来的，由于我们对某些事物产生条件反射，从而产生恐惧情绪，而后者则完全可以通过潜意识予以遏制。

美国心理学家约翰·华生曾经做过一个著名的实验，名为小艾伯特实验，华生和助手罗莎莉·雷纳从一所医院挑选了 9 个月大的残疾儿童艾伯特进行这项研究。

实验之前，小艾伯特首先进行了一系列基础情感测试：包括短暂接触白鼠、兔子、狗、猴子、有头发和无头发的面具、棉絮、焚烧的报纸等物品。华生发现，小艾伯特对这些物品都不害怕。

两个月后，实验开始。第一步，华生将实验室白鼠放在艾伯特身边，此时小艾伯特并不惧怕白鼠，还会用手触摸白鼠。第二步，当艾伯特再次触摸白鼠时，华生和雷纳就会突然用铁锤敲击悬挂的铁棒，制造出刺耳的声音。在这种情况下，小艾伯特被巨大的声响吓哭了，表现出恐惧感。该过程重复数次。第三步，当华生再次把白鼠放在艾伯特面前时，在没有声音刺激的情况下，艾伯特表现出明显的恐惧情绪。

华生认为，艾伯特已经将白鼠与巨响建立了联系，并产生了恐惧或哭泣的情绪反应。而且，这种恐惧对其他相似的东西也有效。17 天之后，华生再次将一只（非白色的）兔子带到艾伯特身边，艾伯特同样表现出恐惧不安的情绪。此外，他对于毛茸茸的狗、海豹皮大衣，甚至华生戴上有白色棉花胡须的圣诞老人面具都会产生相同的反应，不过艾伯特并不惧怕所有带毛发的物体。

这就是著名的小艾伯特实验，虽然因为违反学术道德而饱受争议，但也揭示出恐惧源自于条件反射。同样，习得性恐惧也是完全可以消除的。加州大学洛杉矶分校的科学家 Mark Barad 进行过一项试验，研究者在播放噪声的同时，立即向老鼠笼的金属地板施加一次电击。不久之后，老鼠就学会了在听到声音时立即缩成一团以抵御电击。这时，它们的杏仁体将这种声音与电击联系在一起，对这种声音产生了一种恐惧反应。之后，研究人员制造出噪声但不施加电击，在多次反复之后，老鼠便不再害怕。

暴露疗法消除恐惧

暴露疗法也称为满灌疗法（flooding therapy），它不需要进行任何放松训练，而是直接呈现最强烈的恐怖、焦虑刺激（冲击），以迅速校正病人对恐怖、焦虑刺激的错误认识，并消除由这种刺激引发的习惯性恐怖、焦虑反应。故也称为冲击疗法或泛滥疗法。

例如，很多人天生对蛇感到恐惧，为了治疗这种恐惧心理，可以多次参观养蛇场并逐步触摸它们。最初，你可能会离蛇很远，随后发现没有你想象中的恐怖，接下来你会更加靠近蛇，直到尝试着触摸它们。持续这一过程，直至建立新的消除恐惧记忆——即“蛇不会伤害我”的记忆，并且这种记忆会抵消杏仁体中存在的对蛇的恐惧。虽然恐惧仍然存在，但这里的目的是用新记忆覆盖原来的恐惧记忆。

美国著名心理学家弗洛姆曾经做过一个实验，他将几位自愿参加实验的学生带到一间黑暗的房子里。在他的引导下，学生们很快穿过了一座木桥。这时，弗洛姆打开房间里的一盏灯，在昏黄的灯光下，学生们隐约看见木桥底下是一个很深的水池，池子里蠕动着各种毒蛇，大家都惊呼不已。

这时，弗洛姆问：“现在，你们谁还愿意再次走过这座桥？”

所有人都迟疑了，直到片刻之后，才有 3 个学生谨慎地走上独木桥。这时，弗洛姆将房间内的其他几盏灯全部打开，学生们发现，原来独木桥下方装着一道安全网。

弗洛姆大声问：“你们当中还有谁愿意现在就通过这座桥？”

所有的学生都大胆地走过了独木桥。

独木桥下面的毒蛇对学生们造成了心理威慑，所以他们不敢过桥，而当他们看到防护网之后，便不再害怕，轻松地走过了独木桥。

消除恐惧心理

不可否认，恐惧是阻碍我们成功的最大因素，它会给我们的工作和生活带来很大困扰。所以，我们有必要学会利用潜意识消除恐惧情绪，这样才能更好地生活。

直面恐惧，怕什么想什么

这是最直接的方法，直面让你感到恐惧的人和事。经验告诉我们，面对恐惧，越想逃避，恐惧感越强烈，例如你害怕游泳，害怕呛水，害怕被淹死，那么你对大海的恐惧就会加重。你应该想象自己学会游泳之后遨游于大海中的感觉，想象自己在泳池内戏水的感觉。如果你的渴望大于恐惧，那么你就会激发出足够的动力去学习游泳，至少不会加重你对游泳、对海水的恐惧。

为了更好地掌控恐惧感，你需要直面最害怕的人、最害怕的事。19世纪伟大的哲学家和诗人爱默生曾说过："做你怕做的事情，恐惧就肯定会消失。"如果你对某个人感到莫名的恐惧，那么为了克服这种感觉，你就要经常想着他，思考自己到底怕他什么。在脑海中反复出现你害怕的人，有助于你对他加深了解，随着了解的深入，你会发现他根本没有想象中那么可怕，只是彼此间缺少沟通而造成莫名的恐惧感。

用积极的想法代替消极的想法

产生恐惧的原因是因为消极的想法在你脑海中占据了上风，你需要用一个积极的想法换掉它。例如，小时候我们对妖怪感到恐惧，是因为年幼无知形成的错误认识，而我们为了摆脱恐惧，总会想象各种英雄人物打败妖魔鬼怪的情景，内心的恐惧就会减弱或消失。

你担心什么，就往反面想，恐惧感就会消失。例如，你害怕上班迟到，那么就想象自己提前到达办公室的情景；如果你担心这个月没有完成业绩，就把注意力放在超额完成任务上；如果你担心感冒，就想象自己活蹦乱跳的样子；如果你担心飞机出事，就想象到达目的地后开心旅行的样子……当你心中充满积极的想法时，那些消极想法就会消失，同时带走恐惧情绪。

让脑海中充满美好的景象

爱、包容、和谐、美满、正义、欢乐……当你的脑海中充满了这些美好景象时，所有恐惧情绪都将消失。每当恐惧场景浮现时，你就想象那些带给你美好的事情，便能很好地遏制恐惧情绪的增长。例如，你曾经历过一次恐怖的车祸，每当想起这件事你都会不寒而栗。那么，你可以试着想想与家人在一起的温馨时光，想想与朋友在一起时的快乐时光，这些温暖的画面都能够让你忘掉恐惧。

精神胜利法

如果令你感到恐惧的人或事过于强大，无法在短时间内战胜他们，便可以利用精神胜利法给自己打气。例如，工作中的竞争对手太强，你可以这样想“小样，别嚣张，我早晚会超过你的！”；或者你对于毛茸茸的小动物感到害怕，可以这样想“脏兮兮的东西，窜来窜去的真讨厌，我才不稀罕养宠物呢！”

祈祷的力量

祈祷是心想事成的重要方法之一，也可以用来消除恐惧。例如，你是一个患有幽闭恐惧症的人，最害怕的就是坐电梯。当你迫不得已坐电梯时，通过祈祷电梯的每个零部件运转正常，祈祷自己快速到达目标楼层，能够在很大程度上缓解恐惧情绪。

人人适用的好心情定律

所谓好心情定律，就是通过心理调节的方法，让每一天都生活的快快乐乐，开开心心。这是每个人都期望学会的神奇定律，你可以没钱、没车、没房、没爱人……，但你不能没有好心情。

据说以色列全国发行量最大的希伯来文报纸《新消息》，专门开设了一个名为“好消息”的专栏，为的就是向国民传递积极的信息，而不是整天看到巴以冲突的信息。

《消息报》之所以开设此栏目，是因为通过读者调查发现，大部分以色列人对媒体每天带来的巴以冲突消息深感厌烦和失望，每天一早醒来拿起报纸，就是整篇幅的战火纷飞、死伤报道，给崭新的一天蒙上阴影，心情压抑。所以，以色列国民迫切需要生活中有一些能给人带来未来希望的“好消息”。

在了解到国民的迫切渴望之后，《新消息》报专门开设了“好消息”栏目，每天刊登一些令人高兴的事，即便是鸡毛蒜皮、家长里短的小事，也能让老百姓感到开心。例如，一名失业男子捡到几千元钱而最终物归原主；以色列选手获得欧洲国际象棋锦标赛冠军；一名耳聋的以色列女兵完成了军官培训课程；专家认为骆驼奶对人有益……诸如此类的消息在我们看来没有一点意思，但对于每天都接收负面消息的以色列人来说，却足以带来一整天的好心情。

以色列人对于好消息的渴望程度非常强烈，甚至连天气预报员也要在结束语中加上一句“但愿今天是个平静日子”。

来自巴黎圣母院修女的自传体短文

克里斯托弗·彼得森在其著作《积极心理学》中提到了一个很有意思的案例，讲的是1930年进入巴黎圣母院的每一位修女都要写一篇自传体短文，这些短文只有数百字，它们并不会被立即阅读，而是归入档案收藏数十年之久。

来自肯塔基州州立大学的几位研究人员调出了180位出生于1917年之前修女的短文，下面是节选的两段内容。

第一位修女：我出生于1909年9月26日，是家里七个孩子中年龄最大的一个，我们家有五个女孩和两个男孩……我候选的那一年是在马来华斯度过的，在诺特·戴姆学院教化学，第二年教拉丁文。受主的眷顾，我立志以最大努力来完成自己的心愿，传播宗教信仰，以及个人的心灵净化。

第二位修女：上帝赐予我无上的价值和能力，开启我的人生旅程……过去的一年里，我在诺特·戴姆学院接受候选教育，那段时光非常快乐。现在我充满了热切的喜悦之情，等待被授予神圣的衣服，把我的一生献给我所挚爱的至高无上的上帝。

很显然，第一段为描述性文字，情绪较为中性化，而第二段文字则充满了喜悦之情。时间来到 20 世纪 90 年代，大约 40% 的被试者已经去世，研究人员试图找出自传体短文中的情绪内容与修女们寿命的联系。

结果显示，文字表述更为积极乐观，更加幸福的修女（占所有被试者的前 25%）平均比不甚幸福的修女（占所有被试者的后 25%）寿命长了十年。由此研究人员得出结论，积极情绪内容（幸福）与寿命呈显著的正相关关系，消极情绪内容则与寿命不存在相关性。

所以，如果你关注一个人的表达方式，是积极还是消极，便可以预测其是否长寿。当然，上述研究并不细致，但我们却可以从积极或消极的表达方式中判断一个人是否幸福。

曼森·克里说过："愉悦往往可以随时产生，幸福却不可以。"的确如此，拥有好心情很容易，获得幸福却不那么简单。然而，谁都不能否认，获得好心情是幸福的前提，而从某些意义上来讲，积极愉快的表达方式可以延长寿命，带来好心情的同时，也会带来幸福感。

想要就能得到的好心情定律

预设美好

心灵导师普兰特斯·马福德说过："当你告诉自己将会有一趟愉快的访问或旅行时，你其实是在你的躯体到达之前，先发出了某种元素和力量，去安排一些事物，好让这次的访问或旅行变得愉快。如果你在访问、旅游，或者逛街之前心情不好，或者在害怕、担忧着某些不愉快的事，你就是在事先发出无形的媒介，制造某些不愉快的事。我们的思想，或者说我们心的状态，永远都在预先安排好事和坏事。”

因此，好心情定律要求每个人在行动之前预设美好，也就是在脑海中想象事情顺利进行的样子，接下来的行动才会在心情愉快的状态下进行。

将自己带入精力充沛、活力四射的状态之中

一早醒来，想象自己精力充沛、充满活力的样子，一旦进入激情四射的状态，你的精气神就会产生积极的能量场，那么你遇到的人和事都是正面的，充满能量的，你的心情自然会不错。试想，周一上班时，精神抖擞地出现在办公室，给领导、同事传递出一种积极向上的正能量，那么也会得到同样的反馈，心情就会格外舒畅。

可视化美好

可视化美好，就是将一切你希望遇见的美好都写在纸上，贴在自己看得见的地方。如在纸上写下幸福的词语、开心的事、美好的祝福，画出美丽的风景，抑或希望实现的美好愿望，然后将它们贴在显示器旁，将会给你一天的工作带来好心情。

缩短心想事成的时间

你所期望的结果越早实现，好心情也会越早到来，如果你期待发生的

事情被拖延得越久，你的热情、积极性、兴奋劲、渴望程度等都会越低，那么即便实现了目标，好心情也会大打折扣。如前段时间，我想购买一台很有文艺气息的坚果手机，但不知是饥饿营销策略，还是产量跟不上，总之每周都会充满期待地去官网抢购，然而随着一次次失望而归，我购入新手机的好心情渐渐没了。即便之后开放购买，当拿到手机时也高兴不起来了。因此，缩短心想事成的时间，也是赢得好心情的方法之一。

世界从不亏欠每个努力追寻幸福的人，

Pursuit of happiness

魔力

眼前有一片海

辽阔的大海有一种让人瞬间平静的力量，湛蓝的海水，一望无际的海面，蔚蓝的天空与之交相辉映。这一刻，所有烦恼都被遗忘，想象自己静坐在沙滩上，静静听着海水的声音，什么也不做，什么也不想，你会遇见好久不见的宁静。

瑞士心理学家荣格(Carl G. Jung)发明的“积极想象”（Active Imagination）技术，也被称为“主动想象”，是分析心理学流派最主要的治疗技术之一，荣格在1935年正式使用“积极想象”这一术语，并且称之为“一种睁着眼睛做梦的过程”。利用积极想象的技术，你会遇见一个心想事成的美丽新世界。

今日的世界喧嚣且浮躁，人们每天忙忙碌碌，却找不到方向。我们一次次给自己制定目标，用一个又一个新的欲望填满空虚。我们害怕停下脚步，不是因为后面有人追赶，而是一旦闲下来，空虚寂寞的感觉让我们害怕。

浮躁是当下社会的通病，我们渴望宁静，却又害怕宁静。为了避免孤单，我们让每一刻都忙忙碌碌，却始终感觉不到人生的充实。

给自己一片海，让你在烦躁之中可以瞬间静下心来，还不必担心空虚寂寞的侵袭，因为在那片海滩，你看到的一切都是自己想要的生活，那么美好，那么完美。

大海让我感到宁静

也不知道为什么，我从小就喜欢海，当我第一次见到大海，整个人都呆住了，就那么傻傻地看着，听着潮水的声音，那是一种说不出的感觉，心中所有杂念消失一空，任凭家人的呼喊也无动于衷。我只想站在沙滩上，静静地看着大海，感受这份宁静。

从那以后，我就爱上了大海，其实是爱上了那份宁静的感觉。随着年龄的增长，再加上城市的喧嚣让我的心很少感受到当年那份宁静，在烦乱浮躁的社会中，我任由焦虑情绪蔓延，我变得和大多数人一样，再也静不下来了。

只有来到海边，我才能重新找回那份感觉，只那么一刻，就让我满足。在很多人看来，片刻的宁静毫无价值，就算静不下来也活得很好。而对于我来说，这份宁静的力量是巨大的，它让我静下心来思考，让我瞬间放下杂念。所以我每年都会去看一次大海，静静地坐在沙滩上，看着远方的大海。我的思路变得清晰，所有烦躁都被暂时遗忘，我开始思考人生，而每一次我都能得到答案。

大海有一种魔力，它可以让人瞬间平静下来，混乱的思绪，烦躁的情绪，内心的悸动与浮躁都将随着潮汐的涨落而消失。今天的人们整日忙忙碌碌，为了更好的生活而奔忙，当他们终于收获了财富、地位、名誉，却发现生活还少了些什么。他们已经不用再为生活而奔忙，不用再为生计发愁，他们开始想要休息，却发现即便什么也不做，内心还是充满烦躁，被各种琐事困扰，没有片刻的宁静。

这似乎已经成为现代人的通病，内心的浮躁无时无刻不在烦扰着自己。如果你也像我一样，身处一个看不到海的城市，最好的方法就是通过心灵意念想象出一片大海，让自己在冥想的海边休息片刻，寻找久违的宁静。

瞬间宁静的积极疗愈法

时至今日，宁静的意义对于现代人来说超出了以往任何一个时代，当物质生活达到了一定程度，人们的生活变得无比精彩，每一天除了紧张的工作，人们还会将业余时间安排得满满当当，为的就是不让自己闲下来，因为他们害怕闲下来之后会胡思乱想，会思考人生，“空虚”、“无聊”、“没意思”、“无意义”……类似的负面词汇都会跳出来，让自己被负面磁场所包围。

为了不让这样的事情发生，你需要学会瞬间宁静的方法，如果你也像我一样，不能经常看到大海，那么最好学习通过心灵意念获得内心宁静。

眼前是一片蔚蓝的大海

视觉化景物很重要，如果大海能够让你感到宁静，你就在脑海中想象蔚蓝的海水，洁白的浪花，无限的海面，感受那份愉悦与舒畅。一定要确保你所想象的景物清晰地出现在你的脑海之中，最好的方法就是视觉化景物，例如，在写本节时，特意去下载了搜狗输入法的皮肤，改成了与大海相关的皮肤，这种视觉化的感受让我很舒服，写起来也更有灵感。

一条没有尽头的漫漫长路

一条没有尽头的长路，路上空无一人，在行走的过程中，你会逐渐放下浮躁，开始思考。走得越远，想得越多，心越宁静，直到找到自己想要的答案，否则绝不停下脚步。

漫步林荫路

黄昏时分，你一个人漫步于乡间的林荫小路，温暖的阳光透过树荫洒在你的脸上，那份惬意与宁静将你带入愉悦之中。你看着路旁的白杨树，听着蝉鸣，所有烦恼都在此刻消失一空。

来到了陌生小镇

如果你已经厌恶了大城市的车马喧嚣，而又迫于生计而无法离开，就让潜意识带你进行一次旅行吧：你来到一个陌生小镇，谁也不认识你，一份无拘无束的感觉让你瞬间放松。你走在街上，四处闲逛，大声唱歌而不在乎他人异样的眼光……陌生的小镇，莫名的感动，你终于又一次在夜晚看见星星，此刻没有喧嚣，只有宁静。

置身花海

想象自己置身花海，沉醉在花香之中，醉人的香气会带你远离烦躁。这是你一个人的花海，或者在花海的另一边，你会隐约看到念念不忘的她。当你进入这种意境，心情自然会获得宁静。

突然就到了西藏

一念之间，就来到了圣城西藏，如果你是一名佛教徒，这就是你的天堂。一路向西，你就走到了西藏，雪白的哈达、神圣的布达拉宫、虔诚祈祷的佛教徒……一切的一切，你的心，不可能再有杂念。

让风景停滞在画纸上

如果你无法通过想象锁定让自己心灵平静的画面，那么就将它们画下来，将美丽的风景停留在画纸上，放在你经常可以看到的地方。每当内心烦躁时，看一眼你的画，就会平静下来。

脑海中奏响一首美妙的小夜曲

舒缓的音乐也可以让人瞬间宁静，当你躁动不安时，要学会通过音乐使自己脱离烦躁的状态。如果此时没有音乐，就在脑海中奏响一首浪漫安静的夜曲，沉静而舒缓，仿佛进入梦境。

让时光带走浮躁

想象逝去的时间，流年不待。一页页撕掉的日历，春去秋来，路过的人，擦身而过的缘……光影斑驳，岁月静好，时间就像匆匆行走的路人，任凭怎样呼喊也从不回头。想着想着你就不烦恼了，因为你发现一切都没有意义，得到的终将失去，失去的早已遗忘。在悲伤中，你的心突然安静下来。

镜子里的自己

镜子永远不会对我们说谎，它真实地呈现出我们本来的样子，你的心情、状态都会毫无掩饰地表露出来，如果你表现出沮丧、悲伤、烦躁等消极情绪，镜子中的自己就会反射出负能量；相反，如果你表现出兴奋、喜悦、感激等积极情绪，镜子中的自己就会反射出正能量。

每天出门之前我们大都有照镜子的习惯，你是希望镜子里的自己传递出怎样的能量呢？

从镜子效应到伤痕实验

镜子效应是一个心理学术语，意思是面前展现什么，就习得什么。人的感知系统就像一面镜子，把感觉到的外在世界映射到大脑中去，然后由大脑评价和指挥日常生活。

这也是想到就能得到的原理，你看到什么，就会想到什么，最后就会得到什么。例如你在照镜子时看到自己开心的样子，你会想到很多美好的事情，那么你将得到一整天的好心情；如果你在照镜子时看到自己沮丧的样子，你就会联想到很多悲观消极的事情，那么一整天你都高兴不起来。

心理学和动物学专家曾经用猩猩做过一个有关镜子效应的实验：他们将两只猩猩分别放入了镶嵌着很多镜子的房间，性情温顺的猩猩进入房间之后，高兴地看到镜子里面有许多“同伴”对自己的到来报以友善的态度，于是很快地和这个新的“群体”打成一片，时而奔跑嬉戏，时而耳鬓厮磨，十分开心。三天后，当实验人员将这只猩猩带出房间时，它表现出恋恋不舍的情绪。

另一只性格暴烈的猩猩自从进入房间的那一刻起，就感受到了镜子里面“同类”的敌视情绪，于是它开始大喊大叫，陷入了与这个新“群体”无休止地追逐和厮斗中。三天后，这只性格暴烈的猩猩因气急败坏、心力交瘁而死去。

镜子效应多用于人与人之间的交往，你对别人好，别人也对你好，反之亦然。同样，镜子效应也对我们的潜意识造成影响，你想着积极的、美好的事情，就会开心快乐；你想着消极的、沮丧的事情，就会悲伤难过。

同样，伤痕实验也反映出潜意识对于行为的操控作用，也是镜子效应的一种表现。美国某大学做过一个实验，挑选出一些学生作为志愿者，通过化妆在他们的脸上做出一道逼真的血肉模糊、触目惊心的伤痕，类似拜仁球星刀疤脸里贝里。然后让他们走上大街，感受人们看到自己后的反应。然而，在他们上街之前，工作人员将他们带到一个没有镜子的房间，让他们接受防脱落处理。其实，工作人员所谓的“防脱落处理”，是将他们的伤疤清理干净，恢复本来面貌。

就这样，毫不知情的志愿者带着“伤痕”出门了，凡是在规定的时间内返回的志愿者无一例外地叙述了相同的感受：他们感受到人们惊诧的眼神、恐惧的目光、不解与不屑的审视，以及好奇、粗暴、无理地盯着自己的脸看。实际上，这只是他们的潜意识在作怪，因为他们和平时一模一样。

一个人在潜意识中如何看待自己，就会得到同样的反馈，感受到外界相同振动频率的能量。就像照镜子一样，你冲着镜子做出什么表情，镜子就将如实反映出来。所以，当你看着镜子中的自己时，把自己想象成什么样子至关重要。

让每一面镜子都变成魔镜

在普通人眼中，镜子就是镜子，反映出真实的自己，而少数懂得镜子法则的人，他们能够将每一面镜子变为魔镜，从而带给自己信心，带给自己最愉悦的心理感受。

曾几何时，当我还是一个不自信的小女孩时，在每次出门之前总喜欢反复照镜子，因为我总是对镜中的自己不满意，但也找不到哪里出了问题。于是，我开始出现消极情绪，认为自己长得不够漂亮，眼睛太小、嘴唇太厚、皮肤太黑……似乎脸上的每一个部位都不够好。接下来，当我走出家门，便感觉诸事不顺，一整天都被坏情绪笼罩。

不是镜子让我们消极沮丧，而是我们的内心，我们的潜意识造成的。镜子可以给人带来痛苦、烦躁，也能带来幸福、开心，一切都取决于你的意念。镜中的自己是一种心理意象，你可以将自己塑造成任何形象，也可以通过心理暗示获得你需要的能量。

例如，你今天要去参加一个很重要的面试，你需要信心，那么你就可以发出自信的振动频率，这时镜子就会传递回同样的能量信号，呈现在镜子中的你就是一个超级自信的形象。

对于掌握心想事成法则的人来说，镜子具有神奇的魔力，每一面镜子都是魔镜。他们会通过镜子找到理想状态，让自己达到身心愉悦之境。

魔镜法则

通过在镜子面前自我暗示，不仅可以提升信心，还可以达到你所期望的理想状态，就是说，你所渴望的完美自我，都能够通过魔镜法则实现。

布里斯托的镜子技巧

镜子技巧是由美国心理学家布里斯托总结而成的，这是一套快速提升自信的有效方法，具体做法如下。

站在镜子前，关注身体的上半部分。笔直站立，后跟靠拢，收腹、挺胸、昂首、再做三四次深呼吸，直到对自己的能力和决心有了一种感受为止。之后，凝视镜中自己的双眼，告诉自己所想要的东西，想要完成的事，并大声喊出来。

每天反复使用这种方法，能够有效提升自信，同时，你也可以将自我激励的格言，你的目标之类写在镜子上，以此加深直观刺激感。

告诉镜子，你长得还不赖

如果你经常因为长相而自卑，你需要通过魔镜法则提升信心。你要做的是面对镜子，找到自己的优点，如你的眼睛很漂亮，你的牙齿很白等，相信你总能找到感觉不错的地方。接下来，无限放大你的优点，告诉镜子，其实自己长得还不错。

“我没有别人说的那么丑，我的眼睛很好看”、“我的气色不错”、“今天这款发型非常适合我”……对自己的外貌感觉良好，是收获完美状态的开始，因此，在你踏出家门之前，一定要从魔镜中找到那个百分百自信的完美自我。

对镜子说话，实现心愿

每一天，对镜子许下一个心愿，这是一种积极的自我暗示。当你对这种积极的想法信以为真，就会向这个方向努力，最终实现你的愿望。

例如，早上醒来，你想拥有完美的一天，那么可以对着镜子说：“亲爱的，请赐予我完美的一天吧，希望今天一切顺利。”

你也可以采用提问的方式：“亲爱的，我要如何获得幸福呢？为此，我要做些什么呢？”通过不断提问，你会思考通过怎样的努力才能获得幸福，继而追寻内心的声音去行动。

拒绝消极、怀疑式对话

与镜子中的自己对话，一定要选择积极正面的话题，绝对不能进行消极的、带有怀疑语气的对话，否则不利于提升信心。例如，当你忧心忡忡的走到镜子前，说道：“无论今天发生什么，我仍然爱你”、“无论成败与否，你都是最棒的”、“虽然这一次很可能会输，但绝不能放弃”……这些虽然都是鼓励式的对话，但由于带有消极、怀疑成分，会在很大程度上挫伤自信心。你应该信心满满地来到镜子前，进行一番这样的对话：“我今天肯定能成功”、“你就是这个屋里最棒的家伙”、“今天一定会过得很精彩”。

魔镜转化定律

魔镜转化定律，就是无论你在镜子中看到的是怎样的自己，都将其想象为理想中的样子；无论你存在怎样的忧虑，都将事情想象的得十分顺利；无论现状多么令人失望，都将未来想得无比美好。总之，你要把坏的想成好的，这也是魔镜法则最神奇之处。

例如，你是一个相貌丑陋的人，也要通过魔镜转化定律，将自己想象成心中完美的形象，否则你将产生很强的负面磁场，人们异样的目光会让你吸收到更多负能量。

再比如，这个月你的业绩是最差的，不可避免被公司领导点名批评，甚至还有末位淘汰的可能性。如果你接受现状，很可能就此失业并严重打击自信心，在今后很长一段时间内可能都找不到工作。你要通过魔镜转化定律，告诉镜中的自己："虽然这次失败了，你依然是最棒的"、"明天还会有新的机会，我需要重新开始"、"也许换一个公司我的潜能才会得到充分挖掘"……对着镜子，将一切消极信息转化为积极信息，相信不久之后，你就能体验到它神奇的作用。

为自己挑选一个喜欢的角色

模仿是人类普遍存在的一种心理现象，是人类的本能，也是人类进化的重要因素。当我们小的时候，总希望自己成为各种各样的人，我们在电视上看见各类名人，于是他们成为我们的偶像。长大之后，发现追星太幼稚了，于是想成为真正的自己，却发现没有目标反倒容易迷失自我。

我们因为害怕嘲笑而拒绝偶像，却又在努力寻找着自己的角色，并以社会名人作为自己的参考对象。其实，每个人的内心深处都有自己的偶像，或者是想要成为的人。我们都在心底为自己挑选着适合的角色，这是一种潜在的动力，让目标形象化、具体化，有助于我们最终成为想象中的样子。

你想成为一个什么样的人

在你内心深处，一定要清楚自己想要成为一个什么样的人，这种强烈的渴望将会引导你实现目标。你需要遵循内心的声音，渴望越强烈，越可能实现目标。

在我们的潜意识中，总是浮现出儿时的目标，我们渴望成为各种各样的人，明星、歌手、画家、科学家……，这种源自于儿时的渴望最强烈，也因此给我们留下了最深的印象。可是随着年龄、阅历的增长，才发现梦想与现实的差距。这时我们开始调整目标，树立新的偶像，而这一次的目标更清晰，也跟容易实现。

我们会结合自己的兴趣、能力、优势、工作等实际情况，在自己所从事的行业内寻找“想要成为的人”，而这些人往往都是行业精英、专家、老板等成功人士。人们之所以做出这样的选择，一是因为和自己的行业、圈子比较接近，实现起来比较容易；二是因为这些成功者的生活令人羡慕。

不可否认，在心中建立一个比较靠谱的形象更容易实现，但也会存在隐患，就是由于无法找到真正的自我而彻底迷失。当你有一天拼尽全力实现了目标，却发现这根不是自己想要的生活，你得到了生活，却失去了自我。

所以，当你在为自己选定角色的时候，最好是遵循内心的声音，那是最强烈的渴望，虽然不容易实现，却代表了真实的自己。你也许会经历无数次失败，但你会在追寻的过程中找到乐趣，抑或是个人价值乃至生活的意义。

在我小时候，很喜欢看电影，所以最想成为的就是电影明星；到了青春期，爱上了摇滚乐，又想成为一名歌手；上大学以后，认为商人最有前途，所以想当老板。总之，我为自己挑选过很多角色，但都不是最喜欢的，因为一段时间之后就不感兴趣了。

换过无数份工作之后，终于意识到四处走走看看才是我最喜欢的事，所以我鼓起勇气辞职，成了一名导游。这一次，我遵循内心的强烈渴望，为自己挑选了一个最喜欢的角色。

当导游维持生计，四处走走、看看，写东西为了爱好，将看到的。想到的都写成书。我现在很满足，从前的烦躁状态随之消失，多了一份舒适与愉悦的感觉。

所以，我想告诉大家，你想成为一个什么样的人很重要，如果你比较幸运，能够因此而成功；如果你也像我一样，得到了上天的恩赐与祝福，也许可以找到生活的意义与人生的价值。

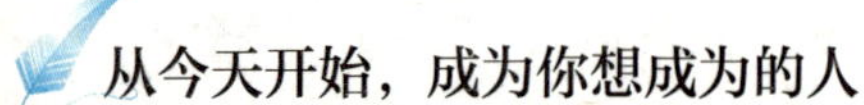

从今天开始，成为你想成为的人

“我要辞职，我受够了！”

身在职场的你，再也忍受不了被人吆三喝四的悲催感受，再也受不了朝九晚五毫无意义的工作，你想辞职，想做自由职业，这个念想由来已久，你却迟迟不敢迈出这一步。

其实，你要做的事情很简单，就是在脑海中反复想象自由之后的感觉：再也没有人对你颐指气使，你可以随意控制自己的时间，你过得舒心且满足……这些都是让你心想事成的动力。

“我要当画家，不在乎别人的不解”

如果画画是你最感兴趣的事情，同时你想成为一名职业画手，以此为生。并已经深思熟虑，做好了准备，来自家人的不解与质疑无法阻止你强烈的渴望。此时，你只需要反复想象成为职业画手的生活，感受那种喜悦。

想象自己游走于各大公园、景点，在门口摆摊画素描人像，虽然赚得不多却很开心；想象自己来到画家村，与一大群志同道合的朋友在一起，因为理解，心灵第一次得以释放。

世俗之人是不会理解你的职业的，你也不必解释，只要不断想象内心愉悦的状态，改变的欲望就会越发强烈，也许有那么一天，你会放下所有，成为一名画家。

“我要当一名全职太太”

Susan 是一位全职太太，她从大学时就发誓要成为一个好妻子，相夫教子，同时也不用饱受世间辛劳。工作之后，Susan 的想法更加强烈，几乎每一天都会跟同事、朋友谈起自己的理想，回到家后脑子中就浮现出这样的画面：住在大别墅里，养花、读书、沏茶、烧菜，每天烧一桌好菜等着老公下班，教孩子弹琴、读书，一起温习功课。

每当 Susan 想到这些画面时都会开心地笑起来，朋友们都笑她做白日梦，可她从没放弃自己的理想，并不断温习着温馨生活的画面。结果，在她参加工作后的第二年，遇到了她的王子，那是一位前来买房的客户，Susan 作为售楼员接待了他。两年之后，他们结婚了，Susan 的梦想成真，她辞去了工作，成为一名全职太太。

“流浪歌手让我的生命充满意义”

“流浪和歌唱是我生命中最重要的两件事，但之前我却没有这样的勇气，这个梦想在我脑海中萦绕了好多年，现在我终于梦想成真。”——Vincent

Vincent 曾经是一位公司中层管理人员，拿着令人羡慕的薪水，却过着朝九晚五充满压力的生活，当他就快对生活失去信心的时候，流浪与唱歌的念头开始出现在脑海中。当时，他已经拥有稳定的生活，宝马，别墅洋房，漂亮的女友。令人羡慕的生活却并非 vincent 所想要的，他喜欢漂泊，喜欢歌唱。一个人的时候，他总是想起年轻时拿着吉他浪迹天涯的日子，想着想着就哭了。

“我要重新找回生命的意义，要不这辈子就毁了。”这是他临走之前对我说的话，他告诉我，脑子里的想法越来越强烈，曾经的画面不断重复，他一刻也不能忍受现在的生活。终于，他便卖掉所有资产，与亲人、朋友、恋人告别，没有说出原因，因为他们根本不会理解。翻出了当年的吉他，头也不回地上路了。

浪迹天涯，放声歌唱，这才是人生。祝福你，我的朋友，也祝愿所有人能够心想事成，找到属于自己的角色，找到生命的意义。

续写成功的自我心像

自我心像（self Image）的概念是二十世纪心理学最重要的发现之一，简单来说，自我心像就是对“我是谁”的认知，是由我们的信念、潜意识所塑造而成。大部分的自我信念，都源于人生过往的种种经验，包括成功、失败、屈辱、痛苦、喜悦等，以及他人对我们的反应——特别是童年早期的经验所形成的。由此，我们描绘出一幅自我画像。当这幅图像越来越清晰地出现在我们的脑海中，就形成了强烈的自我意念，我们会遵循它去行事，让脑海中的图景成真。

自我心像是根据过往的种种经验而不自觉形成的，虽然是不经意间形成的，但人们往往依据它去判断并指导自己的行动，很少怀疑它的可靠性。因此，如果你的自我心像较低，你就会逐渐沦为一个平庸者，因为你的内心深处正是这样认为的；如果你的自我心像较高，那么在你的心中就会积聚正向能量，充满喜悦、骄傲、自豪等积极情绪，你会对自己有一个很高的自我评价，并按照高标准要求自己，因此更容易获得成功。

我们要做的就是回顾以往的成功经验，剔除失败、屈辱等消极意象，然后无限放大成功带来的正向能量，续写这段成功的自我心像。

自我心像是可以改变的

身边有很多人，一生碌碌无为，然而他们的能力、经验、机遇等一点都不差，唯独家境一般。在他们看来“自己再努力也不如有个好爸爸”，所以当他们经历过几次失败之后，便认定无法通过努力改变命运，接受了失败的自我心像。

有一位能力很强、经验丰富的长辈，走南闯北好多年，阅人无数，初次见面，只跟我聊了几句，就把我看透了。他不仅各方面能力出众，经验丰富，而且学贯中西，各种重要的著作、理论都有涉及，让我惊讶不已。

然而，随着了解的加深，我的疑问也出现了，“为什么他只是一名普通的工人，连车间主任都没当过？”要知道，凭借他的口才、经验、能力与人际关系，至少可以担任管理层，为什么一直在车间工作，并显出一副心甘情愿的样子呢？

因为是晚辈，再加上这类问题比较敏感，我一直不敢直接问其原因，但通过旁敲侧击及向熟人打听后得知，他并不缺少机会，单位领导曾经不止一次找过他，甚至提议让他出任副厂长，他都拒绝了。

他从不说原因，只是表态能力不够。然而据我分析，在他心底已经接受了失败的自我心像，所以当新的机会出现时，再也没有勇气挑战。果不其然，在一次闲聊中，从一位老街坊嘴里听说了他的往事，家境一般，父母都是普通工人，年轻的时候，他想要通过努力改变命运，所以不顾家人的反对参加了高考。听说在考试之前，几乎所有人都劝他参加工作，放弃高考，认为他肯定考不上，毕竟那时候的高考真的很难。

家人与朋友的反对让他一度迟疑，但心高气盛的他还是决定试一试，结果真的没考上。失利之后，他曾经饱受很大的压力，一些人的“落井下石”让他彻底失去信心。家人劝他赶紧找个工作，“安慰”他说：“孩子，咱家没有这命，你爸妈都是工人，你还是死了心吧，赶紧上班挣钱吧。”

从此，他接受了命运，接受了失败的自我心像，即便早就有能力改变这一切，但他一次都没有尝试过。

在我看来，这位长辈的命运是可悲的，自我心像是完全可以改变的，奥地利著名心理学家阿德勒的故事就是很好的证明。

小时候阿德勒的数学成绩很糟糕，不仅经常受到老师的批评、同学的嘲笑，就连父母都认为他在数学方面存在很大缺陷。在这样的观念影响下，阿德勒接受了这样的自我心像，他觉得自己没有学习数学的天赋，缺乏逻辑思维。但是，一件意外事件改变了他的自我心像。

在一堂数学课上，老师在黑板写了一道难题，问同学们谁能解答。由于没有人知道答案，老师开始讲解，谁知讲到一半竟然卡壳了，原来数学老师也忘了这道题的解法，正当老师反复思考之际，阿德勒想到了答案，他鼓足勇气才举起手来，而换来的只是老师的不屑与同学的嘲笑。

“阿德勒，你说吧。”一句漫不经心的回答之后，阿德勒开始说出自己的想法。阿德勒刚刚说到一半，老师就震惊了，跟自己之前想好的解题思路一模一样。从此，数学老师对阿德勒另眼相待，改变了之前的看法。更为重要的是，随着自信心的提升，阿德勒改变了在数学方面失败的自我心像，逐步提高了自己的数学成绩。

心理学家通过研究表明，“自我心像”的改变对一个人各方面的影响都是十分巨大的。所以，对于渴望改变命运，渴望自我提升的人来说，学会续写成功的自我心像非常重要。不管一个人过往的经历多么糟糕，也一定会有成功的经历，续写成功的自我心像就要求从潜意识中将这段成功记忆挖掘出来，反复回想以加深印象。当信心得到提升之后，改变自我心像的意愿就会格外强烈。

如何续写成功的自我心像

在续写成功的自我心像之前，你一定要认识到自身的行动、情感、经验、才能等，永远与自我心像相吻合。简而言之，你在潜意识中如何认定自己，就会表现出怎样的行为，继而成为想象中的样子。如果你在潜意识中认定自己是一个失败的人，那么就会表现出自卑、怠惰、冷漠、孤僻等消极的人格特质；如果你在潜意识中认定自己是一个成功者，就会表现出自信、友善、慷慨、乐观等积极的人格特质。

在潜意识中，你怎样看待自己，给自己贴上怎样的标签，你就会成为什么样的人。所以，如果我们想续写成功的自我心像，就要将过往失败的经历过滤掉，只留下那些积极的、成功的经验。那么，我们应该怎样做呢？请遵循以下步骤。

步骤一：挖掘记忆中成功的影像片段

一个人无论正在经历着多么失败的人生，都一定经历过成功的时刻，感受过成功的经验。因此，续写成功自我心像的第一步就是找寻过往的高光时刻。你要努力回顾生命中最辉煌的经历，回忆这些影像片段带给你的成功体验，喜悦、激动、自豪、兴奋、幸福……你会感受到非同寻常的能量，这股能量将会驱使你做出改变，以再次达到或者超越当年的巅峰体验。

我曾经历过一段低潮期，失业在家，感情不顺，就连自己最擅长的足球运动也总是发挥失常。反正，那会诸事不顺。至于生活中如何走出这段低潮期已记不清了，但在最擅长的足球运动中，我成功地运用了意念力的神奇效果，通过回忆以往的高光时刻，成功找回了状态。例如，状态不佳被放到板凳上时，我就会努力回想当年的神勇状态——在某场比赛中上演“帽子戏法”、带球连过数人、攻入直接任意球等，当回忆起这些画面时，浑身便充满了力量。一旦获得上场机会，便会一改之前低迷的竞技状态。

步骤二：在潜意识中寻找自我认同感

以往成功的自我心像取决于潜意识中对自己的认可，你要重新找回当年的感觉，或者说延续成功的自我心像，就要在潜意识中加深自我认同感。例如，如果你认定自己是一个才华横溢的人，那么就会在潜意识中给自己贴上各种各样的标签：“才子”、“诗人”、“作家”、“高材生”、“文化人”；如果你认为自己在经商方面有天赋，就会贴上这样的标签：“老板”、“企业家”、“商人”、“巴菲特”。总之，各种心理标签代表了你对自己的认可程度，也就是在你心底将自己看做怎样的人。

这个步骤很重要，然而有些人却容易忽视。心理标签就如同心理学中的罗森塔尔效应，反映出心理暗示的神奇作用。你需要给自己贴上积极的标签，例如“成功者”、“优秀”、“健康”，这些标签是你以往某一时刻的表现。绝不能出现消极的意念标签，如“失败”、“屈辱”、“疾病”等，否则将在很大程度上打击你的自信心。

心理标签的作用非常明显，大部分人都会有过类似感受：如果你对自己不认可，认为自己是一个“失败者”，那么无论生活还是工作中，都会感到诸事不顺；或者当你要完成一项任务时，心里总是想着“做不好”、“太难了我做不到”，那么这件事十之八九会出现差错。

步骤三：接纳之前的自己与之后的自己

当你想要续写成功自我心像的时候，就意味着你对现在境况的不满，然而你需要在潜意识中接纳自己，包括之前的自己与之后的自己。在曾经的某一时刻你很成功，生活顺心，事业有成，因此你想重新找回当年的自我。然而，现在的你境况很糟，正在饱受着各种烦心事的困扰，你想抛开现在的我回到从前的自我，这是行不通的，你必须首先接纳现在的自己，无论多么失败，多么糟糕。之后才能慢慢找回从前的自我，找回当年成功的自我心像。

步骤四：准确的自我定位

续写成功的自我心像需要进行准确的自我定位，但并不是完全按照当年成功的自己进行定位，比如当时你还在学校教书，便将自己定位为一个“好老师”，实际上五年前你就已经转行了。自我定位要依据现在时、未来时，而非过去时。这就要求你参考过去的成功经历，对当下，对未来做出预测与判断，从而进行准确的自我定位。

比如，过去你是一个好老师，但是五年前就转行了，也不想再干了。那么你在自我定位的时候，就不能将自己定位为“老师”，而是应该考虑你当年做老师的成功之处，例如你很擅长与同学沟通，你很有耐心，你的包容力很强。那么，“包容力”、“耐心”、“沟通”，这些就是你的优点，你需要根据自身优势进行定位。

完成上述四个步骤之后，你很可能已经找回了当年成功的自我心像，接下来的事情就会很容易，你开始接受全新的自己，开始逐渐走出低谷，迎来人生又一个高光时刻。

如何拥有美好的一天

积极的力量让幸福可以永恒。积极心理学的目标是催化心理学从只关注于修复生命中的问题到同时致力于建立生命中的美好品质。

——马丁·塞里格曼

较之以往，心理学比较关注心理与精神疾病，而忽略生命的快乐和意义，直到美国著名心理学家塞利格曼（Martin Seligman）创立了积极心理学（Positive Psychology），并提出了快乐H = S + C + V这一公式，这一切才开始改变，学者们也将更多的精力用来研究如何获得快乐。

快乐公式：H = S + C + V（H + 快乐指数 S = Set Range 可快乐的范围 C = Circumstances 生活环境 V = Voluntary Activities 可自控因素）

简单解释这个公式，S 代表的是一个人先天的快乐潜质，其对快乐的影响大约占 40%；C 指的是环境因素，其影响占 20%；V 指的是个人信念及思想行为，其影响也占 40%。

通过塞利格曼的研究，第一，我们知道了基因并不能主宰我们的快乐，也就是说没有谁是天生悲观的。现在，那些悲观主义者可以检讨一下了，一切不快乐都是你们自找的；第二，自由意志比外在环境，对于快乐有更大影响；第三，快乐与否，个人能够改变的。

首先基因无法改变，S 代表一个人先天的快乐潜质，这是大环境，我们改变不了，但它只占 40%，也就是说，即便你生来悲伤，也还可以通过练习获得快乐。C 和 V 都是我们可以掌控的，我们对所处的环境不满，完全可以换一个环境；我们的信念、思想决定我们的行为，所以完全可以通过自我控制，去想一些开心的事，做一些积极的工作，那么，即便你生而忧伤，C + V（60%）的力量，完全可以让我们变得快乐。

如何拥有美好的一天，这是所有人都渴望实现的愿望，也是人们所关心的问题。正因此，这也是积极心理学所研究的课题。幸运的是，我们可以通过练习实现这个愿望。

这项训练分为两个步骤，首先，在潜意识中设想出拥有美好的一天的前提条件，也就是怎么做才会让你的一天都处于快乐的状态。这就要求你成为生活的细心观察者，发现那些能够带给你快乐的积极因素，同时摒弃那些带给你不快的消极因素。其次，将你潜意识中设想的美好事件都写在纸上，然后为自己的一天打分。

步骤一：想象美好一天都会发生哪些令你高兴的事，下面以我的一天举例

1．“真难得，今天北京是晴天”

“被雾霾围绕的北京城今天终于放晴了，这么难得的机会，怎么可以错过？今天不干活了，出门散心！”

一睁眼就看到晴天，心情已经很爽了，我决定出门转转，这时我的脑海里浮现出各种休闲方式及地点。“去附近的公园转转？太近了，浪费了这个好天气”、“去什刹海走走，随手街拍几张？平时常去，缺少新鲜感”、“嗯，还是去爬山吧，好久没去香山了，运动散心相结合，快哉！”

当想法确定之后，我满心欢喜地上路了。

2．“好怀念上学时春游的感觉，我要带上一大包好吃的！”

刚出门，我就想起了上学时春游的感觉，同学们有说有笑，每个人都带着一大包好吃的，边玩边吃，太过瘾了。想到这里，我更高兴了，顺路去了一趟超市，买了一大包零食。

3．“深秋的香山，红叶一定很美”

以前每年都去香山看红叶，但是每次时机都不对，叶子根本没有新闻上说的那样红。“这次运气一定不错，今天是周中，人不多，正好赏风景，

就让满山的红叶都映入眼帘吧！”

期待中的美景想一想就令人心旷神怡，不知不觉中，我加快了上山的脚步。

4．“今天玩得真爽，累死我了，晚上要用大餐犒劳自己”

从香山走下来之后，太阳已经下山了，又累又饿，但心情很爽。“如何给完美的一天画个句号呢？当然是吃一顿大餐！”之后，各种美食浮现在我的脑海中，想来想去，决定以必胜客作为美好一天的结束。

这是2013年深秋的某一天发生的故事，我将一整天设想得非常完美，每当一个不错的念头产生时，都会感到很开心。同时，在强烈渴望的驱使下付诸行动，最终收获了完美的一天。

步骤二：记录，打分

虽然回到家后已经是晚上八点三十分了，由于吃得很饱，而且兴奋劲还没消散，于是赶紧拿起笔记本，记录今天发生了哪些令我开心的事，并根据积极心理学的方法进行评分：

10 = 今天是我生命中最完美的一天

9 = 今天真是完美的一天

8 = 今天感觉棒极了

7 = 今天感觉很好

6 = 今天感觉还不错

5 = 今天过得很平常

4 = 今天感觉并不好

3 = 今天感觉很差劲

2 = 今天简直糟糕透顶

1 = 今天是我这辈子最糟糕的一天

当我记录完这一天发生的事情之后，打了 8 分，今天的感觉真是棒极了。需要说明的是，练习如何拥有美好的一天，并不是以一两天的评分作为参考，至少需要坚持两周以上。以 15 天为一个周期，将每天发生的事情记录下来并给这一天打分，当全部记录完毕之后，翻看 15 天的记录，比较一下感觉不错和感觉糟糕的日子里你都做了些什么。

通过这种记录的形式，你已经能够清楚如何获取美好的一天了，选择那些能够让你高兴的事，而远离那些让你不愉快的事。

通过上述练习，你并不会感到欣喜若狂，但确实有助于改善心情，使生活变得更美好。

世界从不亏欠每个努力追寻幸福的人，

Pursuit of happiness

第七章

心想事成从来不是一个简单的过程

是谁让你陷入糟糕的境地

通过积极的心理暗示达到心想事成的状态，这是人们美好的夙愿，也是很多心理学家一直在研究的课题，但想要达成这种状态却并非易事，你要克服糟糕的过往经历造成的负面情绪，寻找积极的人生体验，从而达到理想状态。

既然人生是一段旅程，不可能总是平坦的大路，也会经过崎岖不平的小道与陡峭的山路，如果稍不小心，很可能会跌倒甚至摔伤。回首过往，每个人都曾陷入不同程度的低潮期，当我们回想到底是谁或是什么事儿让自己陷入人生低谷时，往往忽略了自己的意念。其实，害你陷入人生低谷的不是别人，正是你自己。当你遇到麻烦时，你的意念没能帮你脱离困境，反而让你越陷越深。

根据心理学研究，每个人都会在两种心理状态下切换——前行与退行。前行代表积极的正能量，指的是心理能量不断地建设发展，在现实生活中不断得到升华；退行代表了消极的负能量，指的是心理能量的停滞与倒退。

性格悲观的人及曾经遭遇过重大人生变故的人，更容易出现退行状态，他们会不由自主地陷入对痛苦往事的回忆之中，将情绪带入消极的状况。而积极心理学的意义就在于，帮助你如何从退行状态下解脱出来，重新回到舒适愉悦的状态之中，让生活回到正轨。

将你逼入绝境的人永远是自己

我们的思想控制着我们的行为，所以，将你逼入绝境或者拖入到一段糟糕处境的人只会是我们自己，我们的所思所想都将转化为行动，影响我们的生活与工作。

心理学研究表明，缺乏自我约束能力的人，更容易陷入退行状态，他们更容易想起糟糕的过往经历，脑海里始终无法摆脱悲观消极的思想。

Peter 曾经是我的同事，我们在一起共事多年，因此对他还算比较了解。他就是墨菲法则最好的诠释，一旦事情出现变坏的征兆，peter 就习惯性地往坏处想，然后在不知不觉中被带入了退行状态，从而“期待”的坏事全都发生了。

以我们最后一年共事为例，那一年公司经营不善，转手卖给了新的老板。Peter 开始担心起自己的前途，听说新老板会安排一次大规模面试，淘汰掉三分之二的员工。那时候，每个人都忧心忡忡，害怕自己被淘汰，而 peter 表现得最为明显。他不仅担心当下，还担心未来。他想得很远，“如果被裁员怎么办？”、“裁员之后一年内找不到工作怎么办？”、“女朋友嫌我没钱离开我怎么办？”

Peter 整天想着这些烦心事，没有心思干活，以致在考核之前，新任领导班子就对他颇有微词，再加上考核当天表现失常，peter 的担忧成为了现实。之后，更糟糕的事情一件接着一件发生在 peter 身上，他所担心的事都成了现实。

Peter 真的如自己预料的那样，陷入了人生低谷，而始作俑者不是别人，正是他自己。

避免陷入退行状态，就要提高自我约束能力，不去想消极的事情，从而更快地从颓废状态解脱出来。

积极信念面对人生低谷

既然人生不是一帆风顺的，那么每个人都不可避免地会遇到一些糟糕的事，也会在不同程度上陷入人生低谷，这就要求我们掌握一定的应对之道，而积极的信念是最有效的方法之一。

詹姆斯·斯托克代尔（James Stockdale）是一位传奇人物，他是美国海军上将，被俘之后经受了长达七年多的严刑拷问，最终竟然活了下来。看似不可思议的事情，他是如何做到的呢？

在《路西法效应》一书中记载道：

“在许多人心目中，斯托克代尔无疑是 20 世纪的军事英雄典范，他曾反复承受极端残酷的刑求拷问长达七年之久，却没有对俘虏他的敌人丝毫让步。他生存下来的关键原因是依赖他早年受到的哲学训练，在战俘的岁月中，始终谨记斯多葛主义哲学家的教诲。斯托克代尔的思想使得他得以哲学式地将自身从他无法控制的刑求和痛苦中抽离，专注于思考在周遭环境中所能控制的事物。他为自己及和他一起囚禁的人创造出以自我意志为出发点的行为规范。一个人的意志必须不被敌人打倒，才能在极度创伤的状态中生存，这正是数千年前伊壁鸠鲁被罗马统治者刑求时亲身示范的教诲。”

斯托克代尔在越战中被俘，在七年多的时间里，他被严刑拷问，遭受了种种非人虐待。作为战俘营中的最高指挥官，他并没有屈服，而是带领同伴积极斗争，最终等到了获释的机会。

回到美国之后，斯托克代尔的事迹被大肆宣传，一时间成为美国的民族英雄。当时著名管理学家吉姆·柯林斯也找他做了一次访谈。

柯林斯好奇地问：“你这些年是怎么熬过来的？”

斯托克代尔说：“因为我从没失去信心，我坚信自己一定能活着回来，一定能再见到我的妻子和孩子。这个信念一直支撑着我，使我最终活了下来。”

柯林斯又问：“你的同伴中最快死去的是哪些人？”

斯托克代尔说：“是那些过于乐观的人。”

柯林斯被搞糊涂了，继续问道：“为什么乐观的人反而最先死去呢？”

斯托克代尔回答说：“那些乐观的人说‘圣诞节之前，我们一定出得去’，结果没能如愿；然后他们又说‘复活节之前，我们一定出得去’，结果又失望了；其次是感恩节，再次是下一个圣诞节……最终，他们在一次次希望破灭后绝望了，在郁闷中死去。”

面对人生低谷，一定要有一个积极的信念，有了信念，无论现实有多残忍，你都会知道该如何面对。斯托克代尔因为坚信可以活着出去，再见到妻儿，所以始终没有放弃希望，即便在身边战友相继郁郁而终之后，他还是挺了过来，最终等到了获释的那天。

在这一生之中，我们都会在某一时刻陷入糟糕的境地，这时候唯有依靠积极的信念支撑，尽快从退行状态解脱出来，回到正常的生活之中，这也是积极心理学家希望教给每一个人的东西。

从每一段坎坷经历中磨炼心智

一个人的心智成熟与否，在很大程度上决定了其个人成就，而心智的成熟与否，与个人经历息息相关。那些心智成熟的人，往往待人和善，处事稳健，他们都有过坎坷的人生经历，也因此磨炼出成熟的心智。

从小和尚到玄奘法师

玄奘，唐朝著名的三藏法师，也称为唐三藏，他就是《西游记》中唐僧的原型。以前看过一个关于玄奘法师的小故事，很有意思。

玄奘出生后不久便因家境困难来到少林寺出家，每天他都非常忙碌，早上担水、扫地，做过早课后要去寺后的市镇购买日常用品，回来后继续干一些杂活，晚上还要读经到深夜，就这样过了十年。

直到有一天，玄奘跟其他小和尚一起聊天，才发现他们每天都很闲，最多是到山前的市镇买点东西，从寺庙到市镇的路途平坦距离也近，而且方丈让他们买的东西也是些比较轻便的。再想想自己，每天都要到山后的市镇去，因为那里的东西便宜，但这段路崎岖难行，还要翻过两座大山，方丈每次还都让他带一些很重的物品回来。

想到这里，玄奘有些不高兴，便带着诸多不解去找方丈，问：“为什么别人都比我悠闲自在呢？只有我整日忙个不停，他们大都在一旁聊天。”方丈微笑不语，缓步走开了。

第二天中午，当玄奘从市镇扛着一袋小米回来后，发现方丈正站在门口等他。方丈把他带到寺庙的前门，坐在那里闭目不语，玄奘不明白，也不敢问，只好立在一旁。太阳快要下山了，远处浮现出其他几个小和尚的身影，当他们走到门口时，方丈问：“我一大早让你们去买盐，路途这么近，又这么平坦，怎么太阳下山才回来？”

几个小和尚面面相觑，答道：“方丈，我们边说边玩边看风景，因为也没什么事儿，一晃就到这个时候了。十年了，每天都是这样的啊！”

方丈转过头来对玄奘说：“你每天翻山越岭去山后的镇子扛一些很重的东西回来，为什么回来得比他们还要早些呢？”

玄奘说：“因为路途远且艰险，肩上还要扛着很重的东西，所以我脑子里总是想着赶紧回去。”

方丈闻言大笑道：“因为道路平坦了，心反而不在目标上了，这就是那几个小和尚早出却晚归的原因。只有在坎坷的路上行走，才能磨炼一个人的心智。总有一天，你会发现与他们的不同。”

多年以后，唐玄奘成为一代法师，一路西行，终获真经。

不要被消极的念头打败

美国心理学家弗兰克·卡德勒在《重建自我：从阴影走向光明》中写过一段话，大意如下：

几年前，我被困在北极圈内巴芬群岛的一个客栈，与世隔绝、白雪茫茫……这样的环境让我感到迷茫，甚至想到死。我听说已经有六个当地人自杀了，我也萌生了这样的念头。

就在我被困的第八天，醒来后，脑海中浮现的第一个念头竟然是“今天是一个死去的好日子”。我穿上厚厚的夹克和皮靴走出客栈。在这里，死很容易，只需要走出去，在雪地里躺下来就可以了。

寒风呼啸，我却感到格外寂静。每走一步，我能听到脚踩在雪上面的声音，格外清晰。我开始倾听这份寂静，我意识到其实是在倾听自己的思想，这是非常独特的对话，对话的主题是关于我是否应该继续留在地球上……最后，我走回了客栈。

不想讲述最后的细节，那些个人化的体验我认为不需要分享。我讲述这个故事的目的是想传达这样一个信息：我们都需要催化剂，来激活和开启我们自身因为种种原因而关闭的部分，在北极地区的暴风雪里滞留了十多天的经历当然是我的催化剂。

在卡德勒的故事中，他险些被消极的念头打败，他认为自己永远也走不出这场暴风雪了，他甚至想到了自杀。消极的念头将会把我们引向深渊，心智较弱的人很难抵抗这种负能量磁场的威力。

普通人大都拥有平凡的人生，没有太多生与死的考验，然而却少不了小灾小难，如果每一次经历坎坷，都任凭消极的意念左右自己的思想，那么生活一定会陷入十分糟糕的境地。

你要将每一次坎坷经历当做磨炼心智的机会，在潜意识中充分发掘并调动积极的念头。这样一来，无论处境多么不尽如人意，你都不会轻易放弃，在你脑海里总有一个声音告诉你要坚持下去。每当你捱过一次艰难的时刻，你的心智都会得到锻炼，这种能量会逐渐积累，从而成就更加积极的自我。

磨炼成熟心智的方法

不是每次困境都是绝境

对于一些心智较弱的人来说，遇到困难总会陷入极端情绪，认为这是无论如何也解决不了的问题，不由自主地陷入绝望之中。例如，因为老师一句批评就跳楼的学生，因为失恋而轻生的人。这些都是心智不成熟的表现，他们将每次困境视作绝境，每当困难出现时，就会心灰意冷，焦虑不安，渐渐地习惯了不去抗争，束手就擒，任凭消极意念吞噬自心。

解决方法

对于这类人来说，遇到问题不要退缩，正因为在潜意识中形成了“逃离”的习惯思维，才让他们不敢面对困难。正确的方法是，以积极的意念奋起抗争，脑海中努力思考各种解决问题的方法，而不是如何逃避。

在每一次忧患中看到机会

心智成熟者在每一次忧患中看到的是机会，他们很清楚，虽然正在经历危机，但危机中往往蕴藏着机会。心智较弱的人则正相反，他们在每一次机会中看到的都是某种忧患，而患得患失的心态只会让事情变得更糟。

解决方法

拥有积极心态其实很容易，再坏的事情也要往好处想，用积极信念打消所有顾虑。那些成功人士并非一生都顺顺利利，在没有成功之前，每个人的境遇其实都差不多。以创业为例，每个人几乎都要经历一段挫折甚至是绝望的时光，这是磨炼心智的好机会。心智成熟的人因为总能在忧患中看到机会，所以最终坚持了下来，他们成功了，逐渐走出困境，渐渐地，一切都开始顺利起来。

“屡战屡败”还是“屡败屡战”

这两个词很像，但在意识层面上的效果完全不一样，前者传递的是消极信念，后者传递的是积极信念。对于心智较弱的人来说，很容易陷入“屡战屡败”的境况之中，因为他们遇到困难就会习惯性退缩，继而产生消极思想，并将周围一切消极的人和事都吸引过来，接二连三的失败也就不足为奇了。而对于心智成熟的人来说，即便不断遭到打击，依然会在潜意识层面自我鼓励，“屡败屡战”便是积极的心理安慰。

解决方法

当一个人遭遇接二连三的失败时，很容易陷入绝望境地，这也是人之常情。这时，在他的潜意识中如何想很关键，如果首先想到的是“屡战屡败”，则说明他的心智不够成熟，具有消极倾向；反之，如果首先想到的是“屡败屡战”，则说明他的心智成熟，虽然身陷困境，依然看到希望，这样的人往往能够更早脱离困境。

你不勇敢，没人替你坚强

心智成熟者在遇到困难时都会鼓励自己，他们很清楚世界的残酷，正所谓“你不勇敢，没人替你坚强”。所以，在遇到困难时，你必须首先在潜意识中鼓起勇气，才能在现实中坚强面对。

解决方法

现实残酷，弱者生存艰辛。不要指望别人帮你，只有自己勇敢，才能有效地提升心智能量。人们都喜欢跟勇敢的人做朋友，而讨厌懦弱的人。

学会如何去爱

爱的能量是无穷的，它能助你应对一切困境。一旦你的潜意识中充满了爱的思维，你就会拥有强大的能量。

解决方法

学会如何去爱非常重要，爱自己，爱他人，爱社会，爱这个世界。这并不容易，可以说这是心智成熟的终极表现，一个心智弱的人无法做到真心诚意爱别人，爱这个世界，唯有经历过坎坷与绝望，感受过荣光与希望，才会真切体会到如何去爱。

告别穷困潦倒的潜意识

《穷，有个凉凉的鼻尖》是已故诗人顾城的诗作，突然想到了这个名字，让我感慨颇多。如果说现在的孩子说自己穷，老一辈人肯定要笑话的，可实际上，如果算上攀比因素，那么很多人依然饱受贫穷带来的折磨。

读过一篇心理学研究报道，童年期的压力和贫苦会导致成年后情绪出现问题。相对富裕环境下成长起来的孩子会在身心方面存在弊端，长大之后更容易出现心理问题，自卑就是最主要的问题之一。

见过很多饱受贫困之苦的人，他们或多或少都有些心理问题，即便是成年后疯狂努力摆脱贫困状态的人也是如此，这些人虽然有钱了，但是依然缺乏正确的价值观、人生观。这一切都跟“穷”有着密切的关系。

贫穷带来的只有灾难

贫困是人生大部分灾难的源头，生而贫穷很可怕，如果没有良好的教育，不能在成长过程中树立正确的价值观，即使成年后赚到很多钱，也很有可能无法形成健康的心理状态。

心理学家做过一项研究，观察一些孩子童年期的生活情况，15 年后，当这些孩子 24 岁时，研究者测试了他们的大脑功能。这个测试研究了他们的情绪控制能力，要求他们在压抑负性情绪时观看一些图片。

研究显示，童年最为贫困的那些孩子在 24 岁时情绪控制能力最差。而且，这种早期贫困的影响很深，并不会因为成年后的脱贫而有所改善。

作为研究者之一的 K.LuanPhan 教授解释说："我们的发现表明，贫困的成长环境带来的压力重担可能是解释儿童期贫困和成人后大脑功能之间的对应关系的一个重要因素。"

除此之外，研究人员发现，贫穷对于人们的影响还有很多。认知心理学家开展过一系列实验，发现个体处于贫困状态时，会消耗其有限的心理资源或损耗心理资源的工作机制，从而使其做出非理性的决策。

A．贫穷导致注意力损耗

个体的注意力是有限的，每个人一次只能将有限的注意力集中在有限的事物上。一个长期饱受贫困之苦的人，其注意力也会随之下降，他的主要精力集中于经济资源匮乏的方面，其他方面就会受到影响。如一个低收入的人，注意力总是放在"缺钱"这件事上，从而各方面的麻烦随之而来，其注意力势必被分散，也就没有更多精力做好工作，进行自我提升，所以形成恶性循环，境遇越来越糟。

B．贫穷损耗意志力

穷人的日子总是不尽如人意，他们总要节制自己的购买欲望，思考如何安排有限的花销。总之，一切都跟钱有关系，这样就会导致意志力损耗而做出不利的决策。

心理学家经过研究证实，刻意抵制诱惑会消耗更多的自我控制资源，从而导致意志力损耗。当你刻意抵制来自最电视广告诱惑的时候，你就需要付出更多意志力，因此消耗就越大。

穷人因为要抵制更多的诱惑，意志力会大幅损耗，所以更可能做出暴饮暴食、无节制地花销等非理性行为。

C．贫困会阻碍大脑认知功能

相对于富人来说，穷人的各项能力较差，心理学家认为贫穷导致了穷人认知功能的退化。针对这一假设，心理学家做了相关实验。

研究人员将实验地点选择在美国新泽西某商场，之后从购物者中随机挑选出一些愿意接受测试的人，并向他们描述了其可能会经历到的财务问题。研究人员给出了四种假设情景，其中之一是有关如何支付汽车修理费的假设。

结果显示，低收入者在假设修理费用较低的情景中能够很好地完成任务，但当假设的修理费用高昂时，他们则不能很好地完成任务；然而对于高收入者来说，无论哪种情况，都能很好地完成任务。

此外，心理学家还在印度展开了实地研究，他们对当地农民在认知周期方面展开了测试，结果显示，同一位农民的认知能力在庄稼丰收并拿到了钱（富人）之后比在庄稼丰收以前没拿到钱时（穷人）要强。

丰收之前，由于农民没有拿到钱，所以经济压力较大，在类似的认知作业中表现得也较差。

在我看来，贫穷带来的只有灾难，我见过很多因为经济拮据而发生的悲剧，人们总是找各种各样的原因，但是归根结底，还是钱的问题。下面讲一个故事。

小东北，是我在北京认识的，独自在京打拼多年，虽说北漂一族都不容易，但他那会真的挺惨的。最惨的时候，他连吃半个月面条，整个人面色都不好了。

刚认识的时候，他在一家科技公司做销售，工资挺高，然而没过多久，他因为跟同事打架而被开除，从此陷入了一连串困境之中。

他本以为会很快找到新工作，但半年时间内不知道面试了多少家公司，全都没戏。他也从当初的二居室换到了一居室，再换到平房，最后只能住地下室了。听他自己说，那半个月他每天只花 5 元钱，顿顿吃面条，以至于走路都打晃。

在我看来，正是因为一连串窘迫的状态导致他的窘境，因为打架被开除，导致长时间失业，不断地面试无果让他形成了失败的自我心像，以至于每次面试的时候精神状况都很糟糕，所以没有一家公司录用他。

穷困是一种很糟糕的状态，会给人的心理、生理带来灾难性的转变，尽早结束这种潜意识状态，才能让人生回到正轨。

告别穷困潦倒的潜意识训练

告别穷困潦倒的潜意识，就要在潜意识中屏蔽消极的想法，然而这种屏蔽不是逃避，不是让你只想着富足而忘记当年的困窘。面对各种可能出现的窘困状况，你需要通过潜意识走出困境。

和金钱在一起

想要告别穷困潦倒的日子，那你一定要付出很大努力，如何才能实现呢？首先，你的潜意识要跟金钱在一起，是说要让努力赚钱的思想充满你的脑海。

“我都想抱着龙虾睡觉了”，这是电影《甲方乙方》中的一句台词，那位老板过了一次穷苦人民的日子，结果令他印象深刻。没人喜欢贫穷，尤其是经历过贫穷的人们，真的不愿再回到贫穷的状态之中。所以，人们千方百计地变富足，远离贫穷。

和金钱在一起，这是一种视觉化目标的潜意识训练，不仅脑子里整天想着钱，还要能够看到钱，这样更容易加深印象。你可以将一张空头支票贴在每天能看的地方，想象你可以在上面随心所欲写下几位数，以此激励自己。如果你对支票的印象不够强烈，还可以拿出一张百元大钞放在眼前，虽然有些俗气，但却可以很好地刺激神经。看着金钱，想象他们可以给你带来什么，你就会激发潜在的动力，更加拼命地去赚钱，从而彻底远离穷困潦倒的日子。

告别债台高筑的日子

你是否经历过债台高筑的日子，想必那种滋味一定不好受。老王是我认识的一位书商，他在别人的引荐下开始投资做出版，当年他进入这行的时候，光景还可以，回报率还不错，所以借了很多钱出书。没想到好景不长，图书市场出现滑坡，账期越来越长，刚到第三个年头就没钱投资了，被迫转型。一边收不回账款，一边被作者催稿费，同时还借了几十万元的账，老王背负了相当大的心理压力。

老王整天处在消极的状态下，健康状况也开始出现问题，人显得很憔悴。我建议他多想想积极的事，安慰他“虱子多了不痒，债多了不愁”，让他放宽心。

一段时间之后，老王似乎想开了，他把债主们聚在一起，喝了一顿酒，告诉他们自己的处境，说；“钱肯定还，你们放心。”

因为大家都是朋友，比较通情达理，没人再催他还钱，老王的精神状态也开始好转。他开始重新思考赚钱的法子，发现之前积累了很多作者资源，既然出不起书，何不卖稿子赚钱?

这次转型很成功，没过几年他就把债务都还清了，事业迎来新的契机。

一个人在欠债的状态下，精神状况会变得很糟糕，所以一定要避免陷入债台高筑的日子，像老王这样及时解脱出来算是比较幸运的，还有很多人被逼上了绝路。如果你现在正处于这样的状态下，一定要首先从精神上振作起来，尽快走出困境。

如果你每天醒来只想到还贷

一觉醒来，如果你只想到还不完的贷款，那么一整天都不会好过。人的欲望是永无止境的，所以贷款也是还不完的，今天你还上了信用卡，明天就会想着还车贷，后天就会想着还房贷。等你将所有贷款还清，又会出现新的欲望，继续新一轮还贷的梦魇。

我从不否认贷款的积极作用，它让我们提前过上理想的生活，但如果你满脑子只想着还贷这件事，就会在无形中背上巨大的心理压力。所以，在你的潜意识中，不要去想还贷款这件事，而应该想象通过贷款提前拥有的理想生活：在新房子中边看书边喝茶的惬意，开着新车在夏夜兜风看夜景，拿着分期付款的新手机打游戏的感觉……这些良好的感觉都会让你远离贫困的状态，因为当你感受到生活的美好，就会激发内在动能，从而更努力工作，去赚更多钱。

想象实现家人期望后的满足感

成功对于所有人来说都很重要，在某些人看来，家人的期望才是促使自己努力奋斗的最大动力，远远超过自己内心的成功渴望。所以，想象自己获得财富之后给家人带来的快乐，通过你的努力让父母住上了大房子，给妻子买了漂亮的汽车，让孩子能够进入重点学校……这一切都让你感到幸福，因为家人才是你的全部。

对我来说，满足家人的期望很重要，希望通过自己的努力给他们更好的生活，这样的念头促使我更努力地工作。每当我想到成功后他们开心的样子，我就会产生足够的动力，因为我不能忍受家人跟我一起过贫困潦倒的生活。

如何对抗墨菲法则

墨菲法则，也叫作墨菲定律（英文：Murphy's Law），指的是“凡是可能出错的事均会出错。”（Anything that can go wrong will go wrong）。墨菲法则是一种心理学效应，最先由工程师爱德华·墨菲提出，主要内容有四个方面：一是任何事都没有表面看起来那么简单；二是所有的事都会比你预计的时间长；三是会出错的事总会出错；四是如果你担心某种情况发生，那么它就更有可能发生。

在这里，我们谈论的是第四种情况：“凡是你担心的事大都会发生”。我们要介绍的是如何通过潜意识的力量对抗墨菲法则，把一切消极的念头从脑海中彻底剔除。

很显然，墨菲法则反映出一个人悲观消极的想法，然而这也是生活中很多人都存在的问题，他们习惯把什么事情都往坏处想，结果让人生变得越来越糟。

面包落地的时候，永远是抹黄油的一面

墨菲是美国爱德华兹空军基地的上尉工程师，他有一个经常会遇到倒

霉事儿的同事。一天，墨菲开玩笑说：“如果一件事情有可能被弄糟，让他去做就一定会弄糟。”墨菲并不是偶尔产生这样的想法，1949年，他和上司斯塔普少校在一次火箭减速超重试验中，因仪器失灵发生了事故。墨菲发现，测量仪表被一个技术人员装反了。由此，他得出结论：如果完成某项工作有多种方法，而其中有一种方法将导致事故，那么一定有人会按这种方法去做。

墨菲定律流传开来是在美国空军进行的MX981实验中，其中有一个实验项目是将16个火箭加速度计悬空装置在受试者上方，当时有两种方法可以将加速度计固定在支架上，而不可思议的是，竟然有人有条不紊地将16个加速度计全部装在错误的位置。于是墨菲得出了这一著名的论断，并被那个受试者在几天后的记者招待会上引用。从此，墨菲定律被传开了。

墨菲定律反映了一种消极的心理意念，你所担忧的事情终将发生。如果你拿着一片抹好果酱的面包，失手掉在地上，你希望果酱那面不要黏在地毯上，因为会很难清理，然而落地的永远都是抹好果酱的一面；阴天出门，你总是犹豫是否带伞，可是每一次当你带伞的时候却不下雨，而当你存有侥幸心理不带伞的时候，却总是下雨；在超市购物之后，你去柜台排队结账，当你为排在较短的队伍感到庆幸时，却又在担心出现变故，比如刷卡机没纸了，食物标签无法扫码，而每一次你的担忧基本会成真。

墨菲定律真的很可怕，它诞生于20世纪中叶，这正是一个经济飞速发展，科技不断进步，人类真正成为世界主宰的时代。在这个时代，到处弥漫着乐观主义精神，人类在各方面都取得了突破性的胜利，而墨菲定律的出现似乎是为了给过于乐观的人类敲响警钟。

如果墨菲定律经常在你身上应验，你需要引起足够的重视，说明消极的意念已经成功占据你的大脑，你必须学会如何与之抗争。

打破墨菲定律

永远期待好的事情，无论最终有没有发生

“永远相信美好的事情即将发生”，这是小米手机的一句宣传语，也正如这句宣传语所说，小米手机给消费者带来了福音，让人们以低廉的价格买到了性价比不错的手机，拉低了国内手机行业的利润。而当消费者开始认同后，小米也成功了。

想着开心的事，糟糕的事就会少一点。我之前不懂，凡事喜欢往坏处想，上班迟到了总是担心“今天死定了，一定会被老板撞见，不是挨骂就是扣钱”，结果三次有两次被老板撞见。后来我就乐观多了，心里坦坦的，“没事，今天老板肯定不来开会”，果然，运气好了很多。

不是鼓励你经常迟到，只是想告诉你，无论境况如何，永远要期待好的事情发生，不管结果如何，心情美丽就好。

让你担心的事都反过来想

凡是让你担心的事都反过来想，这是打破墨菲定律的好方法。例如这段时间你感觉很不走运，期待的坏事接二连三的发生，你就可以试试这种方法。

比如，你害怕在遛弯的时候遇见某个熟人，那么你就想象自己一定会遇见他 / 她，看看结果如何；你担心今年升职加薪又轮不到你了，就试着

想象自己被提拔为经理的样子；你担心再也见不到喜欢的人了，就想象在人群中见到他/她时的兴奋表情；你总是担心错过末班车，那么试着想象已经坐在末班车看夜景的场景……

凡是担心的事请都反过来想，看看结果如何。即便最终未能如愿，相信也不会让你过于失望。

停止正在做的事

如果你担心某件事将会向坏的方向发展，而且你无论如何都无法阻止消极念头的产生，那么索性停下正在做的事。当你在潜意识中选择了彻底放弃，那么再坏的结果也不会发生。你可以真的选择放弃，也可以等到消极的想法消失之后再重新开始。

意象对话带你迅速脱离困境

意象对话技术是由心理学家朱建军先生创立的一种心理咨询与治疗的技术。意象对话是从精神分析和心理动力学理论的基础上发展而来，这一技术创造性地吸取了梦的心理分析技术、催眠技术、人本心理学、东方文化中的心理学思想等。它通过诱导来访者做想象，了解来访者的潜意识心理冲突，对其潜意识的意象进行修改，从而达到治疗效果。

所谓的意象对话，就是用想象中的意象进行交流，来进行心理治疗。利用意象对话技术，能够成功缓解患者的痛苦，帮助深陷困境中的人们找到解脱的方法。

意象对话大多是在心理咨询师的引导下完成的，而本节所讲的内容，是在结合心想事成法则的基础上，依靠自我意象对话的方式脱离困境。也就是说，患者完全可以依靠自己的想象而成功寻求解脱。

意象对话实例：走出事业低谷

当年在刚刚开始写书时，不知道这行深浅，过于乐观地开始了全职创作，结果获得的稿费连吃饭付房租都不够，那时候压力很大，一度怀疑自己的选择。

当我最初选择以写作维生时，并没有得到家人的支持，因此在陷入困境之后饱受了很大的压力。那时候可谓筋疲力尽，每天码字到很晚，却不知道这个月能不能凑够房租。

焦虑、郁闷、失望、气馁、懊悔等不良情绪一股脑儿袭来，让我变得喜怒无常，莫名其妙地陷入郁闷之中。

难道我的写作生涯就这样结束了？就这么轻易放弃自己喜欢的工作？心有不甘的我经常幻想出现奇迹，幻想美好的结局，在当时，的确是一种有效的心理安慰。

我想起了第一次呛水的经历

在事业最低谷的时候，有一天晚上我想起了儿时游泳呛水的经历：那是小学五年级的时候，父母的单位组织去海边玩，同行的有很多孩子，我们一起玩得很开心。第二天我跟一个小朋友去游泳，他会水，而我不会。我呆在气垫上，他在后面边游边推着我走。玩着玩着，我们已经游到了离岸边 30 多米的地方，当时我们并没有察觉，还在气垫上打闹，结果我不小心掉了下去。

虽然只有短短的几秒钟，却令我永生难忘，我在水中拼命挣扎，想要爬上气垫，而小伙伴因为会水不以为然，还在跟我打闹，故意将我按入水中。幸亏父亲游了过来，将我拽到了气垫上。我喝了几口海水，半天才缓过神来。

事业的不顺让我联想到当时的场景，幸亏当时我没有放弃挣扎，否则还不知道会怎样，有可能真就沉底了。想到这里，我坚定了信念，喜欢的事不能轻易放弃，否则以后怎么寻找喜欢的生活。

想起各种惊险画面

突然想起那次呛水经历之后，陆续想到儿时很多惊心动魄的场面，每当想起这些激动人心的画面都会让我感到兴奋。

小时候，我是一个很淘气的姑娘，喜欢冒险，经常做出一些出格的举动，在今天的父母和孩子看来，简直不可思议。

小时候没有电脑、互联网，只有小伙伴，我们几个调皮的姑娘经常跟男孩子们一起玩，跑到铁路上压钉子、跟着男孩们爬烟囱、跳煤堆……总之，好多疯狂的事根本不像一个小姑娘能做出来的，那时我一点儿都不怕，就觉得好玩，可长大后再想想，打死我也不敢去了。

也许是因为年龄小，没有安全意识，让我变成了一个“勇敢”的疯丫头。如今，当我想起这些惊险场面时，会感到很兴奋，即便在那个年代，也不是随便一个小孩敢像我们那样玩的。我感到了一股力量，一种强烈的信心，认为完全有能力度过事业的低谷。

海水从污浊变得澄清

想着想着我累了，不知不觉就睡着了。我做了一个梦，梦见来到了海边，天色灰蒙蒙的，海水也被映射出灰暗的颜色。显然，梦中的我有些失望。

在人满为患的海滩，人们像煮饺子一样在岸边戏水，心情总是很难平静下来。我梦见自己躺在沙滩上睡着了。

在另一个梦中，当我睁开眼时，眼前的海水突然变得澄清，抬头看到的是蔚蓝的天空，海岸边三三两两的游人，心情突然变得很好。原来，我梦见自己来到了三亚，这里的海水澄清，空气宜人，心情大变。海水从灰暗色到蔚蓝澄清，精神也从抑郁变为愉悦。

梦醒了，之前饱受精神压力的我突然有一种如释重负的感觉，这一觉睡得很美，虽然因为梦见儿时的情景感到兴奋，导致稍微有点累，但那个海边的梦让我感到精神愉悦。

案例分析：

这是我的亲身经历，在整个案例中，我成功进行自我疏导，在潜意识中脱离了困境。同时，自我意象对话的方式也将我带出了现实生活中的困境。

儿时呛水的经历预示着现实中的困境，而我奋力挣扎的过程则预示着目前的状态。虽然很糟，但并没有轻易放弃。最终，我被父亲拽上了气垫，就像现实中我在朋友的帮助下成功转型。

我以儿时的冒险场面激励自己，那时其他孩子都不敢做的事，我都身先士卒，并且从中感到了刺激与成功的快感。

我累了，梦见了最喜欢的大海，这也预示着我将走出低谷。海水从污浊变为澄清，从灰暗色变成蔚蓝色，都预示着一切将会慢慢变好，所以当我一觉醒来之后，感到无比轻松，心理压力减小了很多。

这是一次成功的自我意象对话，帮助我有效缓解了当时的心理压力。心想事成具有很神奇的魔力，我们完全可以通过意念操控自己的人生，无论你处于多么糟糕的状态，都可以以此迅速摆脱困境。

第八章

喜悦的力量：让此刻的生命欢愉

初识喜悦，这是一场奇迹之旅

人生是一场奇迹之旅，从降生的那一刻起，属于你的奇迹便诞生了。我们哭着来到世间，不是为了感受悲伤，而是为了接收喜悦，因此才会笑着离开。

每个人行走在世间，都是行走在奇迹之中，在生命奇迹上演的整个过程中，我们初识喜悦。有些人行走一生并能保持初心，所以他们生命中的每一天都是奇迹；有些人很快就感到疲惫与厌倦，随即停下了脚步，停止接收喜悦，生命奇迹就此终止，所以他们了此残生。

祈祷每一场奇迹

人生是一段旅行，在行走的过程中用心祈祷，便会接收到喜悦。为生命中每一场奇迹祈祷，用心感受，送上祝福，接收喜悦。

醒着的每一刻都是奇迹，我们都该用心祈祷，诚心祝福的同时，也接收喜悦的信息。在台湾作家沈妙瑜所著的《生命喜悦的祈祷》一书中有一篇祈祷文这样写道：

我行走在奇迹中

奇迹无所不在
奇迹在我里面
奇迹在我的里里外外
奇迹在我的前后左右
奇迹在我的四方上下
奇迹无所不在

我行走在光中
光无所不在
光在我里面
光在我的里里外外
光在我的前后左右
光在我的四方上下
光无所不在

我行走在美中
美无所不在
美在我里面
美在我的里里外外
美在我的前后左右
美在我的四方上下
美无所不在

我行走在爱中
爱无所不在
爱在我里面
爱在我的里里外外
爱在我的前后左右
爱在我的四方上下
爱无所不在

用心祈祷，奇迹无处不在。每一次相遇都是奇迹，每一次重逢皆为喜悦。你是否曾经有过这样的感受，当你在潜意识中反复想着一个人的时候，现实中便真的遇见了他。这就是祈祷的魔力，对于相遇的强烈期待使你发射出极强的信号，如果对方此刻也想着你，那么便有可能出现奇迹。

有时候，我们会有这样的感觉，不想见的人总是出现，想见的人却总是不见。的确如此，根据心想事成法则，在你脑海中反复出现的人或事总会成真，如果你不能保持喜悦心，总想着那些令你讨厌的人和事，结果就会在现实中碰到。

如果你想遇见喜悦，就要用心祈祷每一次场奇迹，当你的潜意识中不断出现最想见到的人，相遇也不再是偶然。因为你在祈祷的同时，也会付出行动，你会在他们经常出现的地方等候，你会想象他们要去的地方。总之，你好像能够感受到他们的踪迹，并为每一次遇见而用心祈祷。如果你们心有灵犀，便会同时出现在某一个地点。

我们祈祷，并不是求助于上天的恩赐，而是向内心寻求答案。当内心的喜悦喷涌而出，慈爱与感动连结，接下来要做的，就是静心等待每一场奇迹的出现。

生命本身就是一次奇迹，人们在喜悦中相遇，在微笑中送别彼此，然后继续旅程，并期待下一次相遇与重逢。

不忘初心，喜悦自来，用心祈祷每一场奇迹吧，你的生命将因此不同。

遇见喜悦

最渴望遇见喜悦的几类人

喜悦是每个人都渴望遇见的，但有几类人的生活中急需喜悦的力量注入活力。

深陷逆境的人

这类人现状堪忧，或处于烦恼之中，或处于悲伤之境，总之，这一刻他们诸事不顺。此时，他们最需要的就是积极的信息，需要正面的能量，而喜悦的感觉正是他们最需要的。

处于失望与绝望之间的人

一个人对生活失去信心，处于失望的状态之中，但他们还没有达到绝望的境地。这类人如果遇见喜悦，很可能重新点燃生活的希望。

极度悲伤的人

一个处于极度悲伤状态的人，最渴望接收到喜悦信息，这样能够舒缓情绪，让生活重拾信心。

渴望更上一层楼者

目前的生活、事业都不错，但还想变得更好，期望更优越的生活条件，渴望进一步提高自己。这样的人只希望接收到正面的能量，比如喜悦有助于自身成长与提高。

遇见喜悦的精神状态

想要遇见喜悦，必须保持良好的精神状态，一个积极向上的人才能够敞开心扉，全然接收喜悦的信息；而一个萎靡消沉的人，在潜意识中对喜悦形成了自动屏蔽，他们只能接收到负面信息。所以，保持良好的精神状态，对于接收喜悦信息很重要。

尽可能呆在喜悦的环境之中

想要遇见喜悦，就要尽可能呆在喜悦的环境之中。例如，在办公室，你的同事都很友善，同时喜欢开玩笑，每天的工作轻松愉快，这样的环境最容易接收喜悦。下班回家，温馨的家庭环境同样让你感到喜悦，可爱的孩子，温柔的爱人，一只慵懒的猫，这一切都让你感到快乐。

创造喜悦，聚焦喜悦

当你期望与喜悦相遇时，在潜意识中反复想象是前提，同时还要尽可能创造喜悦。你只需将全部精力聚焦于所期待的事情上，例如你想要购买一台 iphone 6s 手机，那么就将全部注意力聚焦于此，想象它的样子，想象拿到手后的感觉，当你想到这样的场景，就会心生喜悦，接下来便会采取实际行动。

无论过去多么糟糕，都已经过去

也许你的命运坎坷，曾经历过一段糟糕的日子，但那已经是过去时，如果不能放下，任凭情绪陷入对糟糕过往的回忆之中，只会吸收到越来越多的负能量，这会让你的生活变得更加艰难。

如果你无法忘记昨天，就等于对当下与未来宣判了死刑。所以，无论你曾经历了什么，一切已经发生，你要做的是向前看，将全部精力专注于当下与未来，学会将痛苦转化为快乐。哲学家斯宾诺莎说过："快乐和痛苦是完全可以相互转换的。"所以，只要你能做到毫无杂念地专注于当下，就一定可以忘记昨日种种，将痛苦转化为快乐。

撕掉日历，也撕掉痛苦回忆

长辈们都喜欢用那种老式的日历，纸张很薄，四色印刷，每过一天就会将那页日历撕掉，直到全部撕完，一年也就过去了。

其实这也是一种不错的方法，你不用撕掉全部日历，只是将那些不愉快的日子撕掉，而保留那些高兴的日子。当你撕下薄薄的一页日历时，将其攒成一团扔到纸篓里，同时也将那一天所有的消极回忆彻底忘记。

曾经，我是一个伤感的孩子，年纪不大却总喜欢怀旧，忘不掉过往的美好，当然更忘不掉曾经的伤痛。这样的习惯让我陷入负能量磁场之中，给我造成很大影响。

没有任何一种力量能够抗拒生命的流逝，而我却不愿承认。陷入对美好往事的回忆中，从而错过了今天的幸福。更糟的是，过往痛苦的回忆总会在不经意间出现，我曾试着告诉自己“一切都已过去”，但却无法阻止自己对于痛苦经历的回忆。

有一个传说，曾经有个人问上苍：“为什么会有白天和黑夜之分？”上苍回答：“为了让人们有一个忘记烦恼和痛苦的机会，有个充满希望的开始。”

我们之所以要忘记昨天的痛苦往事，就是要给今天、未来一个机会，告别悲伤，迎接幸福。

奥地利有一位心理学家，执业多年且业绩卓著，在他将要退休时，总结出了此生最重要的两个词——“要是”和“下次”。他说：“我有很多病人，把时间都花在缅怀过去上，后悔当初该做而没有做的事，他们总是习惯说‘要是我能够抓住那次机会……’、‘要是我当初选择了她……’”

心理学家认为，在懊悔中度日是非常严重的精神消耗。矫正的方法很简单：只要在你的字里抹掉“要是”二字，关注“下次”二字即可，所以他告诉病人应该向自己说：“下次如有机会我要……”

千万不要老是惦念已往的过错，这样只会传递一种消极能量，即便你为曾经的所作所为感到后悔，也应该这样想：“下次我一定会做得更好”、“下次我一定会把握住机会”。这样做能使你摒除消极思想，把时间和心思专注于当下和将来。

既然一切已经过去，就没必要后悔，不要让过去的错误影响今天的幸福。人总会犯错，难道你愿意生命中的每一天都在自责与懊悔中度过吗?懊恼是一种破坏性很强的负能量，它会无休止地磨灭我们的意志，不知不觉地消耗我们的快乐，总有一天，我们会被这股负面力量所吞噬。

所以，你必须有意识地将脑海中的负面能量剔除得一干二净，就像撕掉日历一样，将它们彻底从记忆中移除，只保留积极美好的记忆。

开启痛苦记忆消除模式

导致痛苦记忆的因素无非是，害你陷入伤痛的人，以及经历过的痛苦事件。最爱的人伤我最深，忘情忘爱便可以消除痛苦；对我们内心造成伤害的创伤性事件最难恢复，找到应对方法也会有助于消除痛苦。下面分别予以介绍。

A．忘记深爱的人

毋庸置疑，时间是忘记一个人的特效药，然而爱得越深，忘掉这段感情的时间越长，所经受的痛苦也越久。除了时间，我们需要一些辅助性疗法，你可以按下面方式做。

（1）在内心接受失去爱人的事实

因为无法接受现实，我们才会不断想起过去得记忆，不断想起深爱的人。每一次他们的影像在脑海中出现，都会给我们脆弱的内心带来新的伤痛。我们不停地幻想着破镜重圆的一天，实际上是在自欺欺人，明知道不可能，还在用谎言与幻念伤害自己。只有承认事实，才能彻底放下。

（2）不要总想着他 / 她的好

如果你总想着对方的好，只会让你更加痛苦，更加难以忘怀。仔细想想，

他 / 她并没有那么完美，身上也有很多缺点，更何况是他 / 她的背叛伤害了自己。当对方在你心中的完美形象开始崩塌之时，你的伤痛就会开始减弱。

（3）恋爱关系的分析与回顾

将你们从相恋、相识到分手的完整过程记录在一张纸上，分析这段关系给你带来了什么，你可以重点提出以下问题。

a. 你对这段恋爱关系感到满意吗？痛苦的感受多一些，还是幸福的感觉更多？

b. 在这段关系中你付出的更多，还是接受给予更多？

c. 在这段关系中你学会了什么？感悟到什么？是否对下一段恋情有所助益？

d. 导致这段关系结束的根本原因是什么？主要责任在谁？下次遇到同情的情况是否能够更好地处理？

e. 这段感情的结束有没有对你造成长久的伤害，比如从此不再相信爱情？

认真记录，仔细分析上述问题，你的答案有助于更理智地面对这份感情，当你能够清醒地看待这一切之后，会减轻伤痛的感觉。

（4）举行告别仪式，从此忘情忘爱

告别伤痛，就要从脑海中彻底消除对方的全部影像，如果你准备好为这段关系画上句号，可以举行一个告别仪式，比如吃一顿大餐，来一场旅行，抑或是再看看你们相识的地方。总之，做一件对你来说有意义的事，以此与这段感情彻底告别。

（5）扔掉一切与他 / 她有关的东西

不要让对方的任何一件东西出现在你的世界中，否则见物生情，你的脑海中很容易再次想起对方，从而勾起感伤的回忆。当然，如果你丝毫不受影响，也无所谓。

（6）重新开始

这里指的重新开始是多方面的，你可以重新投入一段恋情予以代替，也可以换个环境重新开始，抑或换个发型。总之，让你从精神上焕然一新的方法都可以一试。

B．从创伤性事件中恢复过来

心理创伤所带来的伤害是巨大的，很容易让我们的生活、工作陷入糟糕的境况，在我们看来，这种伤害根本无法忘记，尤其是在短时间内，不管你做什么，甚至睡觉做梦都会想起它。心理创伤所带来的应激反应会引起情绪、情感、认知、身体等方面的变化，造成内分泌、神经递质、激素以及神经核团功能的变化。简单来说，你会出现悲观、抑郁、绝望的情绪，以及一系列消极的情感体验，对于意志力较弱的人来说，甚至有轻生的可能性。即便是内心坚强的人，也会受到较大伤害，在很长一段时间内无法恢复。关于如何迅速从心理创伤中恢复过来，你需要知道以下几点。

（1）忘掉仇恨，自我省察

对于内心的创伤，我们总是习惯于指责别人，认为一切都是别人造成的，这样做只会加深仇恨情绪，给自己带来进一步的伤害。我们要学会用今天的眼光去审视昨日种种，从自身找问题，心平气和地看待已经发生的一切，将损失降到最低。当你回溯过往，会发现自己也有问题，才会导致今天的创伤难以愈合。如果你能彻底放下，就会更快地得到解脱。

（2）向最亲近的人说出你的故事

当一个人遭受心理创伤后，最好及时找人交流，说出自己的伤痛，否则憋在心里带来的伤害更大。然而，内心的创伤往往是我们最不愿意提及的难言之隐，尤其是性格内敛的东方人。在西方国家，人们会通过各种互助倾诉心声，经历过同样遭遇的人们聚在一起，说出心里的秘密，动情之处，人们纷纷落泪。这是一种非常有效的方法，能够很好地排解心中的积郁之情。很可惜，这种方式在我国并不多见，然而你可以通过与最亲密的人倾诉达到同样的效果，相信他们一定会了解你的感受。最关键的是，你要有勇气说出自己的故事，而不是憋在心里。

（3）与伤害你的人对质

与给你带来伤害的人直接对质，是一种最直接的方式，如果处理得好，能够很大程度上减轻精神上的伤痛。反之，则会带来更糟的结果。所以，在你采用这种方式之前，一定要考虑清楚。你可以按下面方式做。

a. 采取强硬的方式予以回应。无论对方以怎样的方式伤害了你的感情，你都以同样的方式予以回击，这是一个残酷的竞争时代，弱肉强食是不变的生存法则，胜者为王。

b. 推心置腹地聊一聊。这种类似谈判的方式比较委婉，也更容易被彼此接受。告诉对方，他 / 她的行为给你造成了很大伤害，只要你说得合情合理，相信对方一定会明白你的感受。推心置腹地坐下来谈一谈，很容易化解彼此间的仇恨与敌视情绪，说不定你们还能成为朋友。

（4）心理自救，消极情绪的自我升华

采用心理自救的方法，升华内心的消极情绪，将它们成功转化为积极的情绪。例如，当你受到伤害之后，与其自暴自弃，从此沉沦，不如将这种情绪转化为动力。假设你曾经遭到同伴的羞辱与嘲笑，与其陷入自怨自艾，不如以此激励自己，努力奋斗，超越那些嘲笑你的人。这种精神报复能够很好地刺激你的潜能，你会加倍努力证明自己，所有消极情绪都会升华为积极的情绪。

未来·利用强光疗法自我疗愈

科学家通过一系列研究，初步论证了通过强光治疗，将创伤记忆转换成美好回忆的可能性。这项技术已经在小白鼠身上得到验证，未来或可用于人类身上。

美国麻省理工学院的神经学家，在《自然》杂志上发表了此项研究，表明有关积极或消极情绪的记忆实际上是可以逆转的。其中一位研究学者利根川·进博士说："在未来,或可找出一种方法帮助人们记住积极的回忆，而忘却消极的回忆。"

这项技术在小白鼠身上已经得到了验证，实验人员通过给一群雄性小鼠的腿部施加电击，让其形成"恐惧"记忆，同时给同一个笼子里的雌性小鼠施加"鼓励性"的记忆，让它们形成兴奋快乐的情绪。

之后，研究团队通过改变光的波长来触发小鼠大脑中不同区域的神经元，有效地扭转了情绪记忆的影响。之前受到电击的小鼠不再想起恐怖的记忆，而那些被施加"鼓励性"记忆的小鼠却因为光束的照射而出现了恐慌。

或许，这项疗法在不久的将来，可以运用到人类身上，帮助那些无法忘记痛苦的人重新快乐起来。

无论将来多么艰险，都没有到来

曾有心理学家做过一个很有意思的实验，统计结果显示，人们的忧虑只有 40% 是属于现在的，其中 92% 的忧虑从未发生过，剩下的 8% 则是你能够轻易应付的。

看来，很多人都在为并不会发生的烦恼而忧虑，这其中就有一部分人对于未来过于担心，从而导致当下的不幸福。

为什么我们会害怕未来？

戴尔·卡耐基曾经说过：我所了解有关人性的最可悲的事情之一是我们全都有担心未来的倾向。同时，又梦想着远方某个神奇的玫瑰园，却不知享受今天盛开在我们窗外的玫瑰。

心理学家认为，给人们造成精神压力的往往不是今天的现状，更多的是人们对于明天未知问题的忧虑。

对于未知的恐惧是人性的弱点之一，在人类的潜意识中，对于未知事物总是充满了恐惧，所以倾向于相信任何对未知事物作出解释的说法，无论其多么荒谬，就像很多人相信玛雅预言的世界末日一样。

未来会是什么样子，没有人知道，所以人们通过想象力描绘出各种各样的场景，在充满欣喜与期待的同时，也充满了恐惧。

“明天的生活会好吗？”、“如果机器代替了人力，我会不会失业？”、“几十年后我会不会老无所依？”、“外星人真的存在吗，他们会不会攻击人类？”……各种担心，各种忧虑，其中不乏奇思妙想。

对于未来的恐惧严重影响了今天的生活，以至于我们将注意力集中在不可知的将来，而错过了当下，这种愚蠢的忧虑就得不偿失。

总是担忧未来的人往往喜欢自寻烦恼，根据吸引力法则的解释，他们将更多的负面能量吸引过来，形成了消极磁场。美国心理治疗专家比尔·利特尔经过研究认为：人如果有以下心理或做法，必定会促使你自寻烦恼、无事生非。如果你也有下述倾向，一定要引起注意。

1．把别人的问题揽到自己身上。如果你把别人的问题揽到自己身上而自怨自艾，把某些人不喜欢你的原因也统统归因于自己，那么要不了多久，你就会烦恼成疾。

2．做不可能实现的梦。最可怜的人是那些惯于抱有不切实际想法的人。如果一个人把自己的目标制定得高不可攀，他就会因为不能实现目标而烦恼。

3．盯着消极面。你有多少次受到不公正的待遇，或者记着有多少次别人对你说话的态度不友善。如果你总是把注意力集中在那些不好的、吃亏的事情上，你就会因为这些消极的思想而徒增烦恼。

4．制造隔阂。首先绝不去赞扬别人，不会使用任何鼓励之词；其次，喋喋不休地批评、挑刺、埋怨、小题大做。这是制造隔阂、自寻烦恼的妙法。

5．滚雪球式地扩大事态。当问题第一次出现时就正视它，它就很容易化为乌有。反之，如果让问题像滚雪球一样不断地扩大下去，最后滚雪球的人总是遵照一条简单的规则行事："如果错过了解决问题的时机，索性再往后拖一拖。"这样，只会使问题变得更糟，必定会导致你的愤怒和苦恼埋在心底几个月甚至几年。

6．以殉难者自居。母亲们过度地承担家务劳动，然后对自己说："没有一个人真正心疼我，对我们家来说，我不过是个仆人而已。"当父亲的也能采取同样的方法："我的骨架都累散了，谁也不把我当回事，大家都在利用我。"经常这样想，必定会使你烦恼异常，而且还能使周围的人感到讨厌，令你的感觉变得更糟。

7．"我早就知道会如此"综合征。如果你预料到有什么坏事会出现，它们多半是会兑现的。

8．蠢人的黄金定律。把其他人都看得一钱不值。运用这条定律的关键是首先嫌弃自己，一旦贬低了自己的价值，接下来就会觉得其他人也同样浅薄，于是对他们不屑一顾，使自己变得众叛亲离。

写下你所担忧的未来，清除杂念

你对未来的恐惧一定源于某些具体事件，如果想要彻底消除恐惧，你需要将其罗列出来，然后逐一分析，消除杂念。之前，我也习惯于杞人忧天，危机意识过强让我的生活充满了烦恼，下面将我的忧虑以及解决办法写下来，供大家参考。

未来我能做什么？前途一片迷茫

还在念高中时，我就对未来的方向忧心忡忡："万一考不上大学怎么办？"、"考大学选错了专业怎么办？"、"毕业后找不到工作怎么办？"……我被各种忧虑所困扰，根本无法集中精力复习功课。

解决方法：

如果你也像我当年一样正在为前途感到焦虑、迷茫，除了朝着既定方向努力之外（当然未来很可能与你的理想背道而驰），你要做的就是顺其自然。对于大部分人来说，在选择未来职业时，顺其自然是最理想的状态，做自己喜欢的事很重要。否则，如果你入错行，要么忍着，要么转行，这都是非常痛苦的。在潜意识中，达到顺其自然的状态，不去过多地担心未来，专注于当下，尽力就好。

SARS 来了！我会不会被传染上

2001 年的时候，SARS 来了，当时还在读大学，铺天盖地的宣传让人们感到恐慌，我也是其中之一。空气就能传播，那岂不是世界末日？那时候整天戴着口罩，如果遇见咳嗽感冒的人就像如临大敌，不知道该往哪里躲。

整天过得提心吊胆，担心宿舍的室友被传染，担心家人被传染，那时就想跑到一个没人的地方呆着，反正每天都被各种负面消息所困扰，根本无法正常生活。

回过头来再看，那会真的是恐慌过度了，该做的预防措施都做了，完全不用提心吊胆地活着。

解决方法：

我相信，有很多像我一样对自身健康过度忧虑的人，就像有些人被查出癌症，即便是早期，他们也在心里给自己宣判了死刑，这只会加重自己的痛苦。其实，很多癌症病人都是被吓死的，情绪的极度恶化只会加速癌细胞的扩散，只有积极的意念可能救你一命。我认识一对夫妇，就住在我家附近，女人十年前被查出了癌症，最初也是万念俱灰，但很快就想明白了，与其每天活在恐惧之中，不如潇洒地享受当下。他们没要孩子，每到周末，女人都会背包出去旅行，就像是抓紧时间享受最后的人生。然而，十年过去了，女人还是活得很好。

对于健康的忧虑在很大程度上加重了病情，不如彻底放下，活出全新的人生。

总担心他会离我而去

曾经有一阵，总是担心男友离我而去，脑海中总会出现他跟别的女人吃饭笑谈的场景，有时候还会想象我们分手一刻的画面。为此，我忧心忡忡，总是莫名其妙地与他发火。结果，我所“期待”的事情成了现实。

解决方法：

感情的事不能强求，如果你总是担心另一半会离你而去，情绪就会受到影响，进而影响双方关系，激化矛盾，加速分手的速度。随缘就好，一切顺其自然，该发生的总会发生。如果说有什么办法，那就是往好处想，你可以在潜意识中多想想彼此的甜蜜时光：在公园一起野餐的画面，一起看日出日落，一起旅行看大海，甚至想象你们婚后的美满生活。积极的意念会让彼此的关系更融洽，说不定你们就能白头到老。

活着的意义是什么？

我不知道有多少人会像我一样无聊到探讨生活的意义，但我确实为此感到忧虑，不知道自己为何而活，感觉人生没有意义。那段日子备感空虚，干什么都提不起兴趣，无聊的工作，无聊的生活，似乎人生对我来说根本没有意义。

解决方法：

首先是生活，生下来，活着。就这么简单，何必非要有意义呢？如果非要找寻意义，就给自己一个信仰，从宗教的慰藉中寻找心灵的宁静与人生的意义。其次，做自己喜欢的事，兴趣会让你的工作与生活充实起来，当你做出一定成绩时，人生也就有了意义。

做好六件事，忧虑不再来

以下六件事是由美国密歇根州立大学心理学系詹森·莫泽博士与加拿大滑铁卢大学心理健康研究中心执行理事克里斯汀·珀登教授提出的，意在帮助人们放宽心，减少忧虑，大家不妨试一试其中的方法。

Event 1——聚焦当下

珀登教授认为，忧虑容易让人胡乱猜想，进而引起新的忧虑和负面假设，形成恶性循环。心宽的人会聚焦于眼前的问题，并且思考如何解决。

Event 2——旁观者清

莫泽教授认为，过于忧虑只会让事情更糟，不妨从旁观者的角度看问题，更容易看到事情的全貌。他提出一个小妙招：描述消极想法时，用名字取代“我”。因为“我会失败”这样的语气，让人感到倒霉的事儿在眼前，而以旁观者的视角来阐述这件事，忧虑就会减轻。

Event 3——忧虑的根源

珀登教授说，“容易忧虑的人认为，预先判断后果是有好处的，但他们一开始假设就停不下来，也不知道问题出在哪里。所以，找到忧虑的根源是减轻烦恼的方法”。

Event 4——减少忧虑时间

珀登教授推荐了一种“忧虑椅子”技巧：每天给自己15分钟时间，坐在椅子上想想烦心事，其他时间再也不去考虑。

Event 5——向自己提问

陷入消极思维时，不妨问自己几个问题：这是我的问题吗？我有办法解决吗？我已经做了全部能做的努力吗？情况很紧迫吗……如果事情没那么紧迫，就没必要焦虑了。

Event 6——乐观的假设

莫泽教授曾做过一项研究：让受试者看一张女性被绑架的照片，然后加以联想，心宽的人会设想这位女士最终被解救出来。也就是说，要学会在不利的境况中看到好的结果。

疯狂追逐成功的你，没时间感受喜悦

时至今日，成功的意义超过了以往任何一个时代，人们努力拼搏，疯狂追逐成功的同时，也没时间感受喜悦。当我们抱怨喜悦的时刻越来越少时，有没有从自身找过原因？无论时代怎么变化，喜悦的状态是永恒存在的，只是我们太过匆忙而将它遗忘。

在追寻成功的过程中遗失了喜悦

幸福是人生的终极目的，而成功则是现阶段每个人最重要的任务。我们以为获得了成功，幸福便是水到渠成之事，可是多少成功者给我们举了反例。

曼森·克里说：“愉悦往往可以随时产生，幸福却不能。”

如果你简单地认为获得成功就等于收获幸福，那么在疯狂追寻的过程中很可能会遗失很多东西，其中就包括喜悦。

对于普通人来说，到底什么构成了幸福呢？在我看来，每天都过得开心就够了。与其耗尽一生去追逐成功，不如享受当下的喜悦，这也是一种幸福。

不可否认，成功对于某些人的意义太重要了，改革开放之前，大部分人都过着贫困的生活，出生在大城市的人们很难想象偏远山区中人们的苦日子，在我给培训师吴先生写书之前也是如此。

吴老师出生在贵州省一个偏远的农村，家里面非常穷，甚至穷到城里人无法想象的地步。父母靠砍柴和养猪为生，五分钱一斤，一年四季都在砍柴，一天也不能休息，否则就要饿肚子。据说，他的母亲在怀有身孕的情况下依然要挺着大肚子上山砍柴。

根据吴老师的回忆，小时候连一口米饭都吃不上，在他9岁那年，为了在过年的时候吃上一口米饭，他带着全家人去村里换米。连续跑了两圈，才终于换到了一口米饭。当一家人吃上年夜饭的时候，已经是晚上8点多了。母亲不舍得吃，说牙齿不好，不喜欢吃米饭，父亲也不吃，他们几个孩子一人一小碗，他看到母亲在一旁默默地流泪。从那一刻起，成功就成了吴老师的使命，他要让家人过上更好的生活。

后来，他成功了，成了一流的培训师，改变了整个家族的命运，可是命运的艰辛只有他自己清楚。在我看来，除了成功那刻给他带来短暂的喜悦之外，长久以来，他更多地感受到的是屈辱、心酸、苦涩等负面能量。也许在他看来，这一切都是值得的，但并不是每个人都能承受如此大的代价。

众所周知，贫穷是追逐成功的最大动力，随着今天的生活越来越好，人们追逐成功的欲望在逐渐减弱，或者说更为理性。

如果你随机问一个路人：“是否愿意为了成功而放弃幸福与喜悦”，一定会得到否定的答案，但仍有很多人在潜意识中对成功有着极其强烈的渴望，他们知道幸福与喜悦的重要意义，但在疯狂追逐成功的过程中，便会轻易将其遗忘。

在我看来，成功与喜悦是可以兼得的，我们的终极目标是一致的，那就是赢得幸福。所以，在疯狂追逐成功的过程中，也要给自己一点时间来感受喜悦。

成功一定会幸福吗

成功与幸福之间的关系，是积极心理学领域一直在研究的课题。两者之间绝不是正比关系，虽然很多人固执地这样认为。

走在大街上，随机问行人："有钱一定会幸福吗？"

得到的答案可能会是这样：

"废话！"

"多新鲜啊！"

"呵呵，你有病吧！"

……

我们在同一种教育模式下长大，思维已经形成了定式，很难改变。哈佛大学心理学教授泰勒·本·沙哈尔，这位哈佛大学"最受欢迎的导师"曾就此问题进行过很多研究，每年三月份的时候，他都会问学生们："如果你们在接到哈佛大学录取通知书的那天，会感到非常幸福的人请举手。"在座将近1 000名学生，无一例外全都举起了手。

泰勒教授接着说道："如果你们觉得余生的日子都会很幸福，就别把手放下来。"几乎所有人仍然是举着手的，他们认为只要拿到了哈佛录取通知书，就意味着会得到人们的羡慕与尊重，意味着找一份好工作，赚很多钱，所以一定会很幸福。

泰勒教授接着说："此时此刻，你们幸福吗？哪怕感到一点点幸福就好，如果是，请继续举着手，如果不是，请放下。”在座的99%的学生都把手放下了。

抑郁是种病，得治！

泰勒教授认为，哈佛每年大约有80%的学生都会饱受这种抑郁的困扰。在他们看来，“Success → Happiness”（成功等于幸福），这个公式在他们的潜意识里根深蒂固。

在我看来，成功是种病，将现代人一步步拖入痛苦的深渊。全民创业，全民忧虑，你以为马云、王健林这些超级富豪就幸福吗？钱越多考虑的事越多，幸福也许就越成为奢望。

其实，如果你把泰勒教授的公式反向来看，“Happiness → Success”（幸福就是成功），那么一切烦恼就会迎刃而解。

我们活着的终极目的是什么？追寻幸福！

我们拼尽全力追逐的成功，金钱、地位、房子、车子……不都是为了更幸福吗？

既然幸福可以引导我们走向成功，何苦费尽周折呢？

累了，就歇歇吧！

属于你的成功一定会到来，只是时间而已。

停下来感受喜悦，

幸福，

便会不请自来！

感受发自内心的喜悦

感受喜悦的方式多种多样，不是只有成功才能带来愉悦感，也不一定非要在现实生活中获得以后才能感受到喜悦，你完全可以通过潜意识为自己描绘出一副已经拥有的图景，从而获得喜悦的感觉。

精神层面的感官愉悦

这是一种最原始的愉悦感，是由皮肤或身体器官所产生的感觉冲动，例如通过抚摸而产生的愉悦感。而精神层面的感官愉悦，并不是真正地产生肢体接触，而是通过想象的方式让自己感受这份喜悦。例如，想象自己第一次牵手时的感觉，想象自己与恋人之间相互触摸带来的快感，想象和梦中情人亲吻时的感觉。当你在潜意识中产生上述种种影像时，便会感到愉悦与兴奋。

潜意识中的布菲盛宴

Buffet（布菲），自助餐的意思，这是我第一次在酒店吃早点时学到的。心理学研究证明，食欲能够给人带来生理上的愉悦感与精神上的满足感。一份调查报告显示说，通常新生儿在母亲温暖的怀抱中吃下第一口食物，当饥饿感消失时，婴儿会感受到极大愉悦，这种愉悦和母亲温馨的体味残留在舌尖上的食物味道和触觉联系在一起，于是食物和享受的感觉就永远地留在了记忆中。所以，如果你不想因为吃得太多而变肥，同时又想感受食物所带来的喜悦，那么不妨在潜意识中举办一场布菲盛宴，各种山珍海味，你可以大吃特吃而不必担心账单和出现赘肉。

潜意识高峰体验

诺贝尔奖得主，心理学家丹尼尔·卡纳曼总结出的峰终定律（Peak-End Rule），是指高峰（无论是正向的还是负向的）时与结束时的感觉。这条定律基于潜意识总结体验的特点：对一项事物的体验之后，所能记住的就只是在峰与终时的体验，而在过程中好与不好体验的比重、好与不好体验的时间长短，对记忆差不多没有影响。而这里的“峰”与“终”其实这就是所谓的“关键时刻 MOT”，MOT 为 Moment of Truth 的缩写。

在潜意识中享受这种高峰体验，可以给人们带来相当不错的喜悦感。我是一名足球迷，很小的时候就迷恋上了这项运动，然而中国男足一次次令人失望的糟糕表现，将我拖入了痛苦的情绪之中。所以，很小的时候我就学会了这种潜意识中的高峰体验，虽然那时我不懂。但我将自己想象为中国男子足球队的一员，技术出众；想象在世界杯决赛中打入制胜一球后的疯狂庆祝；想象作为队长，捧起大力神杯时的感受。每次，我都感到无比兴奋，那种喜悦感令我回味无穷。

期待心理

当我们的心中充满期待时，很容易产生喜悦情绪，而一旦这种期待实现，满足感就会逐渐减小直至消失。所以，期待的过程能够制造出喜悦情绪，你可以在潜意识中期待遇见某个人，期待得到某件礼物，感受整个期待过程带给你的欣喜与激动。

积极情绪的唤起

心理学研究证实，积极情绪能够带来愉悦感，例如食欲、性欲的产生，都能给人带来很大程度的愉悦感。如果你平时不爱运动，偶尔活动一次之后会唤起身体动能与积极情绪，之后无论生理还是心理层面，都会感到很舒服。

在潜意识中唤醒积极情绪很容易，你可以多想想开心的事，也可以想象曾经获得成功时的感觉，这些类似的场景都可以让你唤醒积极情绪，从而感受到愉悦。

酣畅感

这是一个积极心理学的概念，意思是当人们在做某件事时精神高度投入的状态。这一点不难理解，当你被某部影片或某首歌曲高度吸引的时候，就会十分专注；此外，当你在做自己感兴趣的事情时，会格外投入以至于忘记周围的干扰。

一名编程人员写代码入迷时，会忘记下班时间；一位画家进入创作状态后，会忘了饥饿、疲惫与不适的感觉。对于酣畅感，我也感同身受，有时候写作来了灵感就停不下来，好多话想说，或是各种故事情节的延续。越写越兴奋，根本不在乎已到深夜。这是一种酣畅淋漓的感觉，兴奋且喜悦。

每一天，都竭尽所能地活在喜悦之中

在醒着的时间里让自己尽可能保持喜悦状态，那么你将迎来完美的一天。一天 24 小时，假设你每天 8 小时睡眠，那么就有 16 个小时处于清醒的状态，抛去洗漱沐浴等时间，至少有 14 个小时，在这段时间内，无论是工作还是休闲，都要尽可能让自己处于愉悦状态，这样才能收获完美的一天。

那么，在醒着的时间段，应该如何获得喜悦的能量呢？

AM 6：00 ~ 8：30

睁开眼，准备迎接一天的美好时光吧！这一刻，你盯着天花板，它不再是枯燥单调的白色墙壁，而应该是一幅美丽的图画。利用你的想象力，让新的一天充满色彩吧！大部分家庭的天花板都是单调的白色墙壁，也有些家庭是彩色的，然而你却可以在这一刻变为艺术家，让你家的天花板变个样。

你可以展开想象，把天花板变为理想中的样子。例如，一睁眼，你看见的不是墙壁，而是一扇窗，上面刻画着蓝天白云，阳光透过玻璃照射进你的卧室，那份温暖的感觉让你身心愉悦；如果是夏天，你可以将它想象成一片蓝色的海，不时溅起白色的浪花，海风习习而来，海鸥掠过海面；或者，你从天花板中看到今天所期待的事情逐一成为现实，而你则笑开了花。总之，从你睁开双眼的那一刻，美好的一天就已经浮现在脑海之中。

洗漱完毕之后，你开始做早饭，一杯鲜榨橙汁，几片面包，不慌不忙地享受着甜美的时光。好了，该出发了，将耳机塞入耳朵，坐在公车上看着风景，这时脑海中再次浮现出令你欣喜的画面：你看见晨练的大爷大妈，代替了匆匆忙忙的上班族；你看见湛蓝的天空，而不是堵塞的一排排的汽车。你已经自动将消极信息过滤掉，而只保留那些令你愉悦的画面。

AM 8：30 ~ 9：00：

到公司了，每天你都是最早到达公司的人，而不必像其他同事那样拿着面包跑去打卡，因而你可以悠闲地泡一杯茶，在晨会之前想想今天的工作。这时，你要让积极的画面充满你的脑海，你可以将一天的工作捋一遍，然后想象每完成一项任务后的欣喜之情。

例如，想象开会时受到领导表扬时的高兴情景，想象完成季度报表后的成就感，想象又谈成一笔订单后的兴奋之情。类似的场景会带给你积极的情绪，让你保持愉悦高效的工作状态。

略过正常的上班时间，因为你要专注于工作，而不是美好的想象。

PM 6：00 ~ 7：30：

本该下班的时间你却还滞留在公司，哎！又是无奈的加班。当大家都在怨声载道时，你一定要给自己带来积极的能量。

“回家也没事可做，不如在公司多干点活”

你可以想象回到家后无事可做的样子，会让你觉得还不如在公司加班有意思；你也可以想象加班结束后拿起书包就向公司门外跑的样子，生怕跑慢了被老板喊回来。虽然狼狈，但成功“逃脱”之后总会带给你一阵喜悦。

在今天，加班早已成为家常便饭，与其抱怨，不如在潜意识中想些开心的事，让这段难熬的时间过得快一些。

PM 7：30～8：30：

“晚餐时间到了，不能再像白天那样打发自己了，我要吃大餐。”

你有两个选择，自己动手，丰衣足食；抑或出门约上三五好友，吃一顿大餐。当然，不管怎么选择，你一定会经历一段思考的时间，那么你将两个选择可能出现的场景在脑海中描绘出来，看看哪一种能带给你更大的喜悦。

选择自己动手。你坐在沙发上，想象自己动手准备丰盛晚餐时的样子，你做了一个拿手的三杯鸡，炒了一个青菜，拌了一盘水果沙拉，然后开了一瓶红酒。“就差蜡烛和另一半了，嘿嘿！”想着想着，你真的乐开了花。但是，当你准备这样去做的时候，惰性让你犹豫了。

“要不，还是出去吃吧。”你实在太懒了，尽管脑子里想得很好，但却懒得去做，你拿上钥匙准备出门。在穿衣服的过程中，你开始思考要去哪里吃，这时脑海里浮现出新的图景。

你想去街对面的必胜客，点一份牛排和意面，走着走着，你遇见了之前的男同事，他恰巧也住在附近，正好没吃晚饭。闲聊了两句之后，你们决定一起去吃必胜客，结果免费吃了一顿大餐。

想到这里，你已经笑得合不拢嘴。

PM 8：30 ~ 11：30

你并没有吃到免费的晚餐，因为没有跟你想象的那样碰到之前的同事，但你一点也不失望，因为今天刷信用卡正好半价。美餐之后，你回到家里，享受睡觉前的悠闲时光。你一边泡脚，一边听着音乐，同时回忆着美好的一天。想着想着，你就笑了，困了，时间不早了，去洗漱，准备休息。

AM 0：00

凌晨时分，你准时躺在了床上，看着天花板，它不再是早晨的阳光明媚，而是挂满了星星，透过玻璃窗，你看到了璀璨的夜空，很快就进入了梦乡，美好的一天结束了。

世界从不亏欠每个努力追寻幸福的人，

Pursuit of happiness

第九章 你所期待的完美关系终将实现

发挥正能量吸引身边优秀的人

所谓同类相吸，你所发散出的能量将会吸引到与你相同的人。为了成就更好的自己，你需要发挥出正能量，将那些优秀的人吸引过来。你有多优秀，身边的朋友就有多出色，身处正能量团体之中，你会变得越来越好。

发挥能量证明价值

等价理论指的是在人际交往过程中，彼此价值对等，才可能使这段关系得以维持。谁都愿意跟优秀的人在一起，但是如果彼此价值不对等，就很难维持这样的关系。

你想跟身家百万元的人一起混，

身家百万元的人想跟千万富翁一起玩，

千万富翁想跟亿万富豪一起耍……

这就是价值的不对等，所以很难玩到一块去。然而，你若想变得更好更出色，就要跟比自己更优秀的人多接触，所以你必须表现出你的价值，即便彼此的价值不对等，你仍然需要付出更多以弥补这种差距。

从平凡到卓越是一个过程，不能着急，如果你是一个基层业务员，你不能急着跟老板走到一起，不妨先跟你的主管混熟关系，从他身上你就能学到很多。之后，借助他的人际关系，一步步接近主管层级的人群，继而慢慢发展。

多年以前，已故苹果公司前掌门人乔布斯和沃滋是在同学的一家车库里结识的，当时他们还在上学。他们因为创业的冲动而彼此吸引，彼此都从对方身上看到了巨大的价值，走到一起也是水到渠成之事。

当他们准备创办自己的公司时，需要很大一笔资金。此时，由于两人已经证明了自己的能力，所以早已吸引了很多风投公司的注意，于是唐·瓦伦丁出现了。然而，可能是两个人的能量还不够强大，最终瓦伦丁先生没有投资而是将他们介绍给了英特尔公司的前市场部经理马克库拉。

这一次，乔布斯和沃兹吸取了教训，尽全力展现自己的才华，这次让这位 38 岁的富翁颇为吃惊，他决定给两个年轻人一次机会。

马克库拉自己投入了 9 万美元，又帮忙拉到了几十万美元的初始资金，至此，苹果微电脑公司正式成立，从此走上了飞速发展的道路。

错过瓦伦丁先生，让乔布斯和沃滋吸取了教训，在此之后则将自己的能力充地分展了现出来，从而吸引到了优秀者的目光，就这样一步一步，让他们成了世界上炙手可热的优秀企业家。

他们说再穷，也要站在富人堆里

早就听过这句话，但以前一直没能理解它的意思。不仅是我，很多老板也是如此。我就认识一位文化公司的老板，他也像我一样，错误地理解了这句话。

“穷也要站在富人堆里，那好，我就去跟富人住在一起。”

很显然，这位老板只从字面意义上理解了这句话，他卖掉了海淀区的一套老房子，跑到据说是柳传志住的富人区，租了一套月租金过万元的房子。他很高兴，因为跟柳传志做了邻居。然而，从他入住至今，一次也没看见过柳传志。不仅如此，他也没跟其他富人有过任何交流，只是看着高档汽车一辆辆驶入车库，他感到很失望。

扎进富人堆，并不是让你跟富人住在一起，而是要跟他们混在一起，从他们身上学习对自己有用的东西。

不可否认，大部分富人都是最顶尖的精英，如果能跟他们混在一起，对个人的成长是非常有帮助的。

在我看来，与富人在一起，最重要的是学习他们的思维方式，那是改变一生的力量。即便你的银行存款有七位数甚至更多，如果你不能像富人那样思维，永远都是穷人，因为你只会将这些钱存在银行，而根本没想过用它们去赚更多的钱。

杰克·伦敦在小说《热爱生命》里，写过一个关于迷途者的故事：

一个不幸的人独自在荒野挣扎，饥饿、疲劳、孤独、绝望伴随着他，在他身后，尾随着一只同样饥饿、疲惫的老狼，在等待时机扑向他。然而，最终不是狼吃掉了他，而是他吃掉了狼。

小说的结尾，这个人终于回到船上，吃了很多食物，成了胖子，却还惶惶恐恐地储藏面包，以至于已经干瘪的面包塞满了船舱的各个角落，仍然情不自禁地四处收集。

穷人尽管在如此险恶的环境中生存下来，但他已经形成了饥饿思维，即使已经吃饱了，还是忍不住囤积面包，生怕重新回到挨饿的日子。

一个人如果形成固定思维是非常可怕的，富人还好，至少短时间内不会饿肚子，而穷人如果不改变固有的思维方式，很可能一生都无法翻身。

如果没钱，这会让一个人迅速陷入负能量磁场，之后所有倒霉事、人都会被你吸引过来，这就是吸引力法则的神奇之处。因为当一个人没钱的时候，就会诸事不顺，情绪不可能好转。

没钱，就没希望，没盼头，没精神，不仅别人看不起你，自己都觉得自卑。一旦形成负能量磁场，就会迅速吸引那些同样振动频率的人。例如，当你失业在家时，很容易想到同样无所事事的朋友，因为你们互相理解；当你没钱的时候，会选择最便宜的饭馆吃饭，而你那些有钱的朋友绝不会来这种地方用餐。总之，没钱会迅速降低你的人际交往层次，这还不是最可怕的，一旦时间久了，你的思维方式也会像穷人一样，即便日后有钱了，也很可能改变不了了，那才是最可怕的。

如何吸引优秀者

“这是以貌取人！”

没错，现实就是如此，想想你自己，是不是也喜欢跟漂亮的人打交道，而厌恶相貌丑陋者呢？在光环效应的影响下，脸蛋漂亮的人会被附加很多优秀品质，尽管他们并没有这么好。

明白了这一点，你就要对自己的外表注意了。脸蛋是天生的，但是后天的打扮则需要每个人用心了。

冷饮还是热饮

耶鲁大学心理学教授约翰·巴奇（John Bargh）曾做过一次实验，他让两组受试者分别拿着热饮和冷饮，然后对陌生人做出性格评估。测试结果显示，拿着热饮的人对陌生人的评价是性格热情，而拿着冷饮的人对陌生人的评价是性格冷淡。

看明白了吗？下一次与人交往时，如果想要给对方留下好印象，带他们去喝咖啡吧，而不要请他们吃冰激凌。

曝光效应与邻近性吸引

曝光效应，是指你在对方面前出现的频率越多，越容易获得好感。所以在最初接触的过程中，频繁露脸是有好处的。此外，邻近性吸引力也很重要，所谓远亲不如近邻，彼此在空间上距离越短，越容易产生好感。

相似性与能力匹配

相似性是指年龄、性格、受教育程度、兴趣爱好、价值观等等，相似的人都会互相吸引，更容易产生共同语言。此外，能力匹配也是很重要的，双方在交流合作起来更顺畅，才会彼此欣赏。

互补性吸引

这不难理解，很多优秀的人相互合作，正是看中了彼此的互补性。比如两个人合作创业，你有技术，我有钱，一拍即合，彼此需要。所以，你在寻找目标时，一定要考虑到双方在能力、资源等方面的互补性，这样更容易走到一起。

思维认同

想要吸引优秀者，首先要接近他们的所思所想，这并非一朝一夕能够形成的，通过平时的接触，注意观察他们的行为方式，从而分析其思维方式。举例来说，如果你是一个打工族，想要跟老板成为朋友可能会有些困难，因为你们思考问题的角度存在很大差异。你想着每个月能多赚点工资，想着能按时发薪就好，老板想着如何向银行贷更多的钱，想着一年下来会挣多少钱；你存钱买房子，他四处借钱盖房子；你找便宜的饭馆吃饭，他专挑昂贵的餐厅用餐……总之，思维模式存在差异，就很难聊到一起。所以，想要接近某一类人，先学习他们的思维模式。

你有多优秀，爱人就有多美丽

俊男美女搭配多见于青春年少时期，而最终进入婚姻殿堂的多是郎才女貌组合。郎才女貌，在古时是指的是男有才气，女有容貌。在今天，这条定律同样适用。对于男人来说，才气与财气同样重要，这也是成熟女人选择男人的重要标准。

在选择结婚伴侣上，女人不再像青春期时只看男人的面容，而更加看重男人的“才”与“财”，也就是说，一个优秀的男士不是靠脸蛋吸引女性的。仔细观察生活就会发现，很多成功男士身边的女人都很漂亮，这一点就可以证明本节的观点——你有多优秀，爱人就有多美丽。

如果安东尼・罗宾可以，你也能行

当年，安东尼・罗宾一名不文时，并没有太多美好的回忆，给他印象最深的就是和女友在简陋的公寓中编织梦想的场景，然而随着吊床绳子的突然断裂，梦想与现实中的美好都结束了。

这次意外给罗宾造成了很大的打击，这也是促使他成为世界潜能激励大师的最初动力。从那天开始，他不仅发誓要拥有城堡、游艇、私人飞机，还要找到一个金发碧眼的妻子。他发誓要在一年之后结婚，并描绘出未来妻子的长相，发型，眼睛的颜色，个性……结果如何呢？他的愿望都实现了，尤其是他的妻子，与之前想象中的样子相差无几。

在我看来，如果安东尼·罗宾可以找到理想中的人生伴侣，那么你也可以，只要你变得越来越优秀，就等于在潜意识中形成了一股正能量磁场，随着你所发散出的能量越来越大，将会吸引到更多女孩子的注意，随着你挑选的余地越大，那个符合你潜意识中形象的女人就会出现，并最终成为你的爱人。

并不是因为安东尼·罗宾是潜能大师，才能实现自己的梦想，而是因为他有强烈的渴望，继而为此不断奋斗，最终摆脱了穷小子的命运，那么找到命中注定的那个人就是时间的问题了。

美梦成真的方法

找到一位理想伴侣，无论对于男人还是女人，都是人生的梦想。那么，有没有美梦成真的方法呢？

将自己视作优秀者

强大的自我心像决定了一个人的外在气场，女人喜欢成功男士，男人喜欢气质美女，所以，在潜意识中，一定要学会塑造成功的自我心像，将自己视为一位出色的人，从而建立信心，形成强大的外在气场。这样一来，就能够很轻易地吸引到优秀异性的目光了。

爱上自己，别人才会爱上你

在你的潜意识中，必须认可自己，如果你能发自内心地爱上自己（不是自恋），那么就会更好地爱别人，从而接受别人的爱。你要完全了解自己，并对内在与外在的自我感到满意。例如，你对自己的容貌、身材很有信心，或者你对自身的修养很满意。当你认为自己很完美，彻底爱上自己之后，就会在潜意识中散发出独特的魅力，从而吸引到你所渴望的异性。

把焦点集中在爱的频率上

当我们释放能量的时候，会把相同能量的人吸引过来，如果我们想去吸引异性的注意，就要将全部精力集中在爱的频率上。当你释放出爱的能量，会将自身魅力释放出来，从而吸引到期望中的异性。

志同道合乃人生大幸

人生在世，知己难得，想要找到一个志同道合的朋友就像找到知心爱人一样困难。我们的手机中装着几百甚至上千个电话号码，有些人更是呼风唤雨，随便一个电话就能招来几十号朋友，表面风光的背后却难掩一颗寂寞的心。当喧嚣落幕，甚至找不到一个人倾吐心声。

无论你的人生多么成功，没有志同道合的朋友都可谓是一种悲哀，这一节就教给你如何寻找兴趣相投的朋友。

刘健明与陈永仁：另类的志同道合者

一部《无间道》系列作品重新提振了香港电影的信心，也是近些年香港最好的系列警匪片，或许没有之一。片中刘德华与梁朝伟分别饰演黑帮与警方的卧底，上演了一出极其精彩的对手戏。

陈永仁（梁朝伟饰）和刘健明（刘德华饰）分属警察和黑社会的卧底，两人的心理世界十分接近，一次次暗中角力将两人推得越来越近，天生势不两立的职业和感情冲动逼迫两人走入了自我毁灭的无间地狱。

其实，与其说是志同道合，不如说两个人惺惺相惜，在我看来，如果他们不是对手，一定能成为朋友。

影片中最精彩的一幕对手戏发生在天台上，这是剧情发展的需要，也是吸引力法则的体现，两个终极对手终于到了见面的时刻。

刘健明被陈永仁用枪抵住后腰，继而被戴上手铐，然而，刘健明却并不紧张，展开了一段精彩的对白。

刘健明：你们这些卧底真有意思，老在天台见面。

陈永仁：我不像你，我光明正大。

陈永仁：我要的东西呢？

刘健明：我要的你也未必带来。

陈永仁：哼，什么意思，你上来晒太阳的啊。

刘健明：给我个机会。

陈永仁：怎么给你机会？

刘健明：我以前没得选择，现在我想做一个好人。

陈永仁：好，跟法官说，看他让不让你做好人。

刘健明：那就是要我死。

陈永仁：对不起，我是警察。

刘健明：谁知道？

“谁知道？”陈永仁似乎被说到了痛处，迅速用枪指着刘健明的头。

镜头拉远，只剩下两个人静静地站在微风中。

因为同为卧底身份，所以他们更能感受彼此的处境，了解对方内心的种种酸楚，这也是他们相互吸引的地方，所以我说这是一种另类的志同道合。

警察与黑帮，永远不可能妥协，但两人却被彼此深深吸引，因为他们发射出相同的振动频率，彼此欣赏的同时，却又无奈信念的势不两立。现实中，他们是对手，而在潜意识层面，他们更像是朋友，两个从未谋面却心心相印的灵魂伴侣。他们是幸福的，人生旅途中遇见一位实力相当且心有灵犀的对手，似敌似友，他们的人生因此变得足够精彩；同时，他们又是不幸的，两种观念势不两立，注定了悲情的结局。

这就是永恒不变的吸引力法则定律，它不会自动识别好与坏，只是吸引相同振动频率的人和事。在上面这个故事中，警察与黑帮在潜意识中走到了一起，正是因为能量相吸的道理。

如何吸引感兴趣的人

如何通过吸引力法则找到感兴趣的人，就像设法吸引异性一样，通过在潜意识中不断想象营造出具体的影像，继而将他们吸引过来。

“我想找到一个志同道合的创业者”

在其他各点相同的情况下，我们喜欢那些能力更强的人。所以，创业者往往喜欢找到一个能力相当或是比自己更强的人作为合作伙伴。如果创业是你目前最想做的事，而你仅凭一个人的力量无法实现，你就急需找到一个志同道合的创业者。那么，每天你都反复想象这个人的样子、能力、志趣等，“他会是一个干练的南方人，聪明，敏锐，而且具备强烈的创业渴望。”当你反复在脑海中形成对方的具体影像，当你真的遇到这样的人时，你便会主动发出邀请，找到志同道合者的概率就会大大提高。

“我希望在小区内结识一群志趣相投的朋友”

在其他情况类似的前提下，我们总是喜欢那些住在附近的人。例如同住在一个小区内的人，因为面熟，所以更有好感。那时候，我希望多认识一些邻居，这样下班回家后就不会太孤独，可以一起聊聊天，喝喝酒，甚至一起逛街买菜。

随着想法越强烈，我也开始越发主动，开始跟邻居们主动打招呼，没多久就混熟了，于是下班后不再那么孤单，找到了很多不错的朋友。

“Avril Lavigne要来中国开演唱会了，在现场一定会遇到很多朋友”

假设你是一名艾薇儿的狂热歌迷，而生活中的朋友都不喜欢她的风格，所以你只能独自去听演唱会，你为此感到烦恼。长久以来，你都渴望在现实生活中结识一位同样喜欢艾薇儿的朋友，而不仅限于网络上。为此，你很早就买好了票，并且反复想象在演唱会上的疯狂场景，你幻想着身边站着一位与你同样狂热的“艾粉儿”，她也是独自前来，你们很快开始了顺畅交流，发现彼此相互吸引，继而留下联系方式，并最终成为志同道合的朋友。

你也能拥有和谐的人际关系

对于正常人来说，和谐的人际关系都是极其重要的，作为群居性动物，人类离不开与人交往，在交往的过程中自然形成了相互的关系，彼此关系的和谐与否直接决定了生活的幸福程度。试想，如果你每天都不可避免地与他人发生争吵，你的日子会变成什么样子？

他人很重要，而良好的人际关系实则建立在爱的基础之上，爱他人，他人爱你，这就是吸引力法则。人本主义哲学家和精神分析心理学家艾瑞克·弗洛姆曾经说过，“不成熟的爱：我爱你，因为我需要你；成熟的爱：我需要你，因为我爱你”。

爱与和谐

当一个社会反复强调和谐的重要性时，不止是出于当局维稳的考虑，更重要的是和谐的人际关系是获得幸福生活的先决条件。拥有爱与被爱的能力，是当今众多理论学者一致认为的人类最本质的倾向，并且从婴儿期到老年期的整个人生历程中，都对人们的健康与幸福起着极其重要的影响。一个被爱包围并懂得如何爱他人的人，一定处于和谐的状态之中，拥有美满的人际关系。

理查德·怀斯曼在畅销书《正能量》中讲到过一个很有趣的案例，现摘录如下。

1967年，查尔斯·郭特辛格教授在俄勒冈州立大学开设了“劝导的艺术”这一课程。有一次，当他的一批新学生来上课的时候，他们惊奇地看到了一个奇怪的场景：一个全身都被黑色布袋套住、只露一双脚的人坐在教室里。

教授向学生们解释，一个男生决定套在黑色袋子里上课，并希望他的身份能够完全保密。由于不知道他的名字，学生们决定叫他“黑袋子”。

这个班级成员每周一起上课3次，每一次“黑袋子”都安静地坐在那里。在学生需要依次上台做3分钟的陈述或者劝导讲话时，“黑袋子”也只是一言不发地站在教室前面。起初学生们对“黑袋子”有些敌意，曾经有人用雨伞戳他，在他背上贴写有“踢我”字样的标签，甚至试图揍他。

这个情况很快引起了当地媒体甚至全国媒体的注意。全美新闻人士都聚集到这个课堂，CBS电视台的传奇主持人沃尔特·克朗凯特试图采访这个神秘的袋中人，《生活》杂志也对相关情况进行了报道。

然而，意想不到的事情发生了。几周后，学生们对“黑袋子”产生了一种特殊的感情。尽管他们仍旧不知道他是谁，不知道他长什么样，但他们不再打他、戳他，而是开始对他显出关怀、友好之意。学生们对袋中人的隔阂逐渐转化为接受，他们越来越喜欢这个神秘人，带他参加各种活动，并帮着保护他的身份。当郭特辛格教授让班级同学投票表决是否要“黑袋子”揭示自己的身份时，大部分学生都投了反对票。

课程的最后，许多新闻人士手持“长枪短炮”聚集在教室外边，等候“黑袋子”的出现。学生们一句话都没说，默契地在“黑袋子”周围形成一道人墙，保护他穿过那里。这一事件深深触动了“黑袋子”，他终于开口说了一句简单但耐人寻味的话：“我只是一个套在袋子里的普通人。”直到今天，我们仍不知道黑袋子里的人是谁。

在此事之前，大部分心理学家都将关于友谊、吸引力、爱情的实验视为禁区，然而由于无法解答“黑袋子”之谜，他们在深感尴尬的同时，也开始涉足于这方面的研究。1975年，威斯康星大学的心理学家伊莱恩·哈特菲尔德进行了人类历史上第一个关于爱与吸引力问题的系统研究。研究表明：人们接触的时间越长，越容易发展友谊或爱情。

随着同学们与“黑袋子”接触的时间越来越久，渐渐产生了友谊，从之前的敌视状态变为了和谐状态。这一理论不难理解，现实生活中每个人都会有类似的体验。例如在学生时代，当我们与异性同桌时，时间久了很容易喜欢上对方；如果我们与同性坐在一起，也会很容易变为朋友。

吸引和谐的人际关系

和谐的人际关系是每个人所期望获得的，当我们了解了和谐的状态是建立在爱的基础之上以后，最为关心的就是如何利用吸引力法则，建立梦寐以求的和谐关系。

活在爱的世界里

当我们的潜意识中充满了对他人的爱，对社会的爱，对世界的爱，我们就会收到同样的反馈，继而生活在爱的磁场之下，被爱包围。当一个人活在爱的世界里，那么就将吸引到完美的人际关系，人们会自然而然地被其吸引、影响，处于愉悦的状态之中。

我还真认识一个这样的人，以前她是单位的人事主管，吃斋念佛，说话慢条斯理，很有气质。就是感觉浑身没劲，估计是常年吃素的原因。当年刚来这家公司时，就听说人事部有个人很不错，为人和善，大家都愿意跟她谈心。开始不信，后来在续约问题上出现分歧，我才第一次跟她见面。简单聊了半小时，我就感觉到她的与众不同，分歧虽然没能解决，但我发现怨气很快就消失了。后来，工作中遇到不开心的事我都会去找她，而每次简单聊几句就能让我豁然开朗。

我曾经问过她为什么总是这么开心，她只对我说了一句话："尽量活在爱的世界里。"

尽可能活在喜悦中

乐观开朗的人相比较于消极沉闷的人拥有更多的朋友，同时也拥有更为融洽的人际关系，他们在一天中的大多数时刻都能处于喜悦状态之中，从而持续不断地发出喜悦的能量信号，吸引具有相同能量的人。

以前住平房的时候有一个老街坊，整天乐呵呵的，下岗之后并不像其他人那样一筹不展，而是选择随遇而安的生活态度，虽然日子过得有些拮据，但一点没有影响他的心情。那时，邻居们都喜欢跟他在一起，晚上下班之后坐在院子里侃大山，很开心。直到现在，我还怀念当年那段日子。

大家都叫他老张，我几乎没见过他不开心的时候，因为发散出喜悦的能量，因此身边的人朋友都很乐观上进，几乎没有烦心事。如果能像老张一样，每天活在喜悦的状态之中，自然会拥有和谐的人际关系。

投其所好，在潜意识中达成共识

众所周知，志趣相投者最容易成为朋友，因此想要拥有和谐的人际关系，最好的方法就是投其所好，在潜意识中达成共识。对于彼此熟悉的人来说，更容易做到这一点，因为你知道对方的喜好。而与陌生人相处，处理人际关系时会复杂得多，这时通过对方的言谈举止，你要设法在潜意识中了解并认同对方，如果没有直接的利益冲突，不妨与对方形成共识，这样会给接下来的交往提供便利。

当我融入一个陌生的圈子时，我的经验就是少说多听，在了解完对方的情况后，我会努力从对方的角度考虑问题，这样更容易对某件事达成共识。比如带团出游，在与团友交流过程中，我尽量让他们说，轮到我时，也尽可能说对方爱听的、感兴趣的事，毕竟人家来旅行，就是为了开心。没想到，这样一来让我的人缘很好，很多人报团都会特意来找我。

排斥负面情绪，远离消极磁场

如果一个人被负面情绪所包围，那么与人交往的过程中就会产生各种各样的矛盾，因此，获得和谐的人际关系，首先要排斥潜意识中的负面情绪。此外，还要尽可能远离消极磁场，例如你所在的小集体充满了抱怨，在这样的氛围中你会很快被抱怨病毒传染，继而影响人际关系。

当我觉察到自己陷入负面情绪之中时，就会从潜意识中尽可能消除它，比如通过转移注意力等方法，让自己的情绪迅速平复并逐渐好转。，如果我发现是所处环境导致负面情绪滋生，那么就会想办法逃离消极磁场。

从等价学说到互悦机制

人际关系中的等价学说是指双方的关系是否能维持长久，取决于彼此认为从这段关系中得到与付出是否成比例。当然，从长远来看，等价理论或许并不可取，有些时候人们就是甘心情愿地付出而不求回报。而关于互悦机制，也称为对等吸引力率，实际上就是两情相悦，是彼此相互吸引的最原始冲动。

从等价学说到互悦机制，如果能够将吸引力法则发挥到极致，说不定就会获得你所期望的完美关系。

等价学说

根据积极心理学中的等价理论，如果双方认为在这段关系中得到与付出是对等的，那么彼此间的关系更容易处于和谐状态并维持长久。

无论是友情还是爱情，抑或是亲情，人们在衡量彼此关系时更容易计算得失，这是一种经济学理论。在与人交往的过程中，我们习惯于衡量自己的付出是否得到同样的回报，如果答案让自己满意，那么这段关系将会维持得更长久，同时也会处于相对和谐的状态。

比如，你有两个比较不错的朋友，甲有钱却吝啬，乙没钱却很大方，你跟甲一块吃饭的时候，大多数时候都由你来埋单，每次结账之后你都会感到心里不平衡，“为什么这家伙这么有钱却不掏钱？小气鬼！”而每次跟乙吃饭，他都会抢着埋单，这时你会想，“乙这个人真的不错，挣得不多还经常请我吃饭”。

在其他条件相同的情况下，甲乙两人在你心中的地位就会发生变化，你与甲的关系会恶化，而与乙的关系会更好。

等价学说在恋爱关系中也表现得很明显，尤其是“不以结婚为目的谈恋爱”，这不是耍流氓，而是不考虑门当户对、经济条件等因素，完全建立在两性相吸的前提之下。两个年轻人心生情愫，对彼此最有吸引力的就是外表，俊男配靓女。这种关系最容易达到和谐状态，也最被外界看好。

当然，随着社会的发展，观念的变化，当人们真正以结婚为目的选择伴侣时，情况就会发生令人意想不到的变化，这时等价理论就不那么准确了。

比如，被无数影迷视为好莱坞最有魅力的女星之一茱莉亚·罗伯茨(Julia Roberts)，她在1993年与美国的乡村歌手莱利·罗沃特（Lyle Lovett）结婚，令很多专家大跌眼镜。当然，这次不被人们看好的婚姻仅仅维持了三年便结束了。

等价理论也对这种不匹配的关系进行了解释，如果双方在某些方面差距过大时，就会从其他方面予以弥补，比如职业成就方面。如今，人们对美女与“野兽”的搭配早已见怪不怪，漂亮女人更容易嫁给事业有成的人，后者的成功恰好弥补了长相、身高等方面的不足，虽然这种利用美貌换取物质的做法令很多人感慨。进化心理学家通过研究发现，男性在选择配偶时更注重对方的年轻与外表，女性在选择配偶时更看重对方的勤奋和资源积累。

了解完等价理论后，吸引力法则就将派上用场，它能够轻而易举地让彼此间的关系更和谐。

如果你觉得对方付出少、得到多

一旦这样的念头占据你的潜意识，那么彼此间的关系就会出现裂痕，至少不会像之前那样和谐。这时，利用吸引力法则可以保护这段关系。你要做的很简单，就是客观分析一下是否对方真的比你付出的少，如果是，你可以多想想对方做的好的地方，想想他 / 她以前对你的帮助。如此一来，你的怨气就会消失，内心也会逐渐从心理失衡状态恢复过来。

如果你觉得他的长相配不上你

如果你觉得男朋友或老公的长相配不上你，当然，前提是你还想维持彼此和谐的关系，你可以从其他方面予以弥补。比如，你多想想他的才华，他是一个学识丰富，很有修养的人，因此受到人们的尊重。他们虽然会在外表上被人唏嘘、议论，但也会因为他们的才华横溢而受到赞扬，正向、负向磁场相互抵消，你就不会感到痛苦了；再比如，他是一个富有的成功人士，当你觉得他太丑时，想想他的成功，想想你因此而被其他女人羡慕的得意时刻，也就会觉得舒心了。当然，这种想法有一些世俗。

如果你觉得她好吃懒做不赚钱

男人养家，然而女人好吃懒做，想当家庭主妇却不愿承担任何责任，也就是说她们什么都不干。如果一个男人处于这种境况之下，很难维持和谐的家庭关系。如果你还爱她，还想维持这段关系，而且她也表态不会做出任何改变，那么你就需要利用吸引力法则实现自我安慰。我想，大部分男人依然选择维系这段关系，只有一个原因，她太美了，至少在你眼里是这样。在潜意识中，反复想着她的美丽，想着她给你带来的快乐，有助于这段关系维持在和谐状态。

互悦机制

在人际交往中，尤其是两性交往中，你喜欢我，我喜欢你，这是一种很自然的心理规律，我们称之为两情相悦，也就是互悦机制。在此前提下，如果你想获得和谐的人际关系，就必须赢得他人的欢迎，让人们喜欢你。

互悦机制广泛存在于日常生活之中，你对他人报以热情，也会受到他人同样的热情回馈。反之，如果你讨厌一个人，那个人也势必会讨厌你。

当你大学报到时，见到你的新室友之后并无喜色，而是显出一脸厌恶的表情。可想而知，刚才还热情跟你打招呼的新室友，这一刻已经变得冷漠，之后的日子一定会很难熬。

再举个例子，在一场足球比赛中，场上的队员表现得很紧张，每个人都拼尽全力却踢得毫无章法，结果中场休息时被教练一顿臭骂，因为这是业余球队，没有严格的纪律素养，有些队员当时就急了，直接顶撞教练，而强忍着怒火上场的队员，也索性放弃了比赛，这是逆反情绪导致的结果，越骂我越不认真踢。

而一个有经验的教练员绝不会在比赛之中批评球员，无论踢得多么糟糕，他们都会鼓励队员。我见过一位岁数较大的教练员在球队落后时仍然鼓励队员，他说道："上半场踢得不理想，但大家很努力，失误不要紧，下半场放开踢，能打几个是几个。"经过中场的调教，下半场队员们放手一搏，结果反超了比分，赢下了比赛。

根据互悦机制的原则，你对他人好，他人才会对你好，如果像第一位教练那样破口大骂，很容易导致矛盾，只有像第二位教练鼓励队员，才可能获得和谐的状态。

《圣经》中说：你希望他人如何待你，你就应该如何待人。

传承千年的理论，在今天依然适用。互悦机制能够帮助人们赢得和谐的人际关系，那么如何通过吸引力法则让彼此喜欢，从而和谐相处呢？

初次见面，把对方想象成理想中的样子

初次见面，彼此并不了解时，不妨在潜意识中把对方想象成你所期待的样子。比如，你希望结识一个很有修养，性格沉稳的人，那么在潜意识中将对方描绘成这个样子，当你见到他时就会表现出欣喜与友善，同时受到同样的热情回馈。

尽量想着对方好的一面

人无完人，不管对方多么优秀，也会有你不满意的地方，如果你总想着对方的缺点，很难获得和谐的人际关系。如果你多想想对方的优点，就会觉得他 / 她还是很不错的，那么交往的过程中就会表现得更为友善，也会因此赢得对方的好感，使相处更为融洽。

情感依恋

如果在潜意识中，对另一方有依恋心理，那么无论对方表现得多么糟糕，也会采取忍让或接受的态度，糟糕的人际关系来自于彼此间的不和谐；如果一方总是表现出忍让与接受的态度，那么另一方则很难无缘无故地讨厌对方。因此，在这样前提条件下，也可以形成和谐的人际关系。

如果你想获得一个人的好感，或是想尽可能与他保持和谐的关系，可以在潜意识中对其产生依恋心理，有助于维系你们之间的关系。

读者意见反馈表

亲爱的读者：

感谢您对中国铁道出版社的支持，您的建议是我们不断改进工作的信息来源，您的需求是我们不断开拓创新的基础。为了更好地服务读者，出版更多的精品图书，希望您能在百忙之中抽出时间填写这份意见反馈表发给我们。随书纸制表格请在填好后剪下寄到：北京市西城区右安门西街8号中国铁道出版社综合编辑部 吕芰 收（邮编：100054）。或者采用传真（010-63549458）方式发送。此外，读者也可以直接通过电子邮件把意见反馈给我们，E-mail地址是：lvwen920@126.com。我们将选出意见中肯的热心读者，赠送本社的其他图书作为奖励。同时，我们将充分考虑您的意见和建议，并尽可能地给您满意的答复。谢谢！

所购书名：______________________________

个人资料：

姓名：____________性别：__________年龄：__________文化程度：______________

职业：____________________电话：______________E-mail：______________

通信地址：____邮编：______________

您是如何得知本书的：

□书店宣传 □网络宣传 □展会促销 □出版社图书目录 □老师指定 □杂志、报纸等的介绍 □别人推荐

□其他（请指明）______________________________

您从何处得到本书的：

□书店 □邮购 □商场、超市等卖场 □图书销售的网站 □培训学校 □其他

影响您购买本书的因素（可多选）：

□内容实用 □价格合理 □装帧设计精美 □带多媒体教学光盘 □优惠促销 □书评广告 □出版社知名度

□作者名气 □工作、生活和学习的需要 □其他

您对本书封面设计的满意程度：

□很满意 □比较满意 □一般 □不满意 □改进建议

您对本书的总体满意程度：

从文字的角度 □很满意 □比较满意 □一般 □不满意

从技术的角度 □很满意 □比较满意 □一般 □不满意

您希望书中图的比例是多少：

□少量的图片辅以大量的文字 □图文比例相当 □大量的图片辅以少量的文字

您希望本书的定价是多少：

本书最令您满意的是：

1.

2.

您在使用本书时遇到哪些困难：

1.

2.

您希望本书在哪些方面进行改进：

1.

2.

您需要购买哪些方面的图书？对我社现有图书有什么好的建议？

您更喜欢阅读哪些类型和层次的经管类书籍（可多选）？

□入门类 □精通类 □综合类 □问答类 □图解类 □查询手册类 □实例教程类

您在学习计算机的过程中有什么困难？

您的其他要求：